松花江流域水环境污染物环境行为与生态风险

崔 嵩 付 强 等 著

科学出版社
北 京

内 容 简 介

本书以松花江流域水环境中常规水体污染物、重金属、多环芳烃、多氯联苯、农药为目标研究物质，综合环境科学、环境化学、土壤学、生态学、地统计学等多学科理论，揭示了松花江流域水环境污染物的时空演变规律、来源组成与潜在生态及健康风险，识别了污染物界面迁移转化行为机制及其关键驱动因素，建立了基于政府和公众满意视角下的污染物逆向管理框架。本书初步形成了能够有效识别与解决流域水环境污染问题的研究思路与方法，可为流域尺度污染物的环境管理决策提供基础数据和科学依据，同时发展和完善了区域环境学和污染生态学的基础理论和框架体系。

本书可供高等院校和科研院所农业水土工程、环境科学与工程、农业资源与环境等专业的师生阅读；也可供相关专业的科技工作者及关心流域水环境保护与生态效应的人员参考。

图书在版编目(CIP)数据

松花江流域水环境污染物环境行为与生态风险／崔嵩等著. —北京：科学出版社，2022.12
ISBN 978-7-03-070947-9

Ⅰ. ①松… Ⅱ. ①崔… Ⅲ. ①松花江-流域-水污染物-研究 Ⅳ. ①X522

中国版本图书馆 CIP 数据核字（2021）第 260418 号

责任编辑：孟莹莹　狄源硕／责任校对：邹慧卿
责任印制：吴兆东／封面设计：无极书装

科学出版社 出版
北京东黄城根北街 16 号
邮政编码：100717
http://www.sciencep.com
北京中石油彩色印刷有限责任公司 印刷
科学出版社发行　各地新华书店经销
*
2022 年 12 月第　一　版　开本：720×1000　1/16
2022 年 12 月第一次印刷　印张：15
字数：302 000
定价：99.00 元
（如有印装质量问题，我社负责调换）

前　言

　　水是人类和生态系统最基本的生源要素，是污染物受纳与迁移转化的重要载体。识别水环境质量演变规律及关键影响因素，探寻流域水环境中污染物的环境行为、生态风险及管理措施，可进一步丰富和发展污染物的地球化学循环过程理论。松花江流域为我国基础雄厚的老工业基地和重要粮食生产基地，保护好流域水环境在推动区域经济社会高质量发展和生态环境可持续发展方面具有重要的战略意义。

　　随着工农业的快速发展及城市化进程的加快，松花江流域作为我国高寒地区的典型流域也逐渐暴露出水旱灾害频繁发生和污染来源复杂化所引起的水资源、水环境、水生态问题。污染物一旦进入水体，即开始在错综复杂的水系中遨游，这便激发了我们开展其环境行为和生态及健康风险研究的动机。因此，通过深入持续的研究工作，我们试图抽象概化出适宜于研究流域水环境常规水体污染物和持久性有毒物质来源解析、时空演变格局、迁移转化规律、界面交换行为、政策效应、污染风险评价及环境管理的本质属性、规律、方法和技术，为流域尺度污染物的环境管理决策提供基础数据、科学依据和安全保障。

　　本书内容是作者团队近年对松花江流域研究工作的总结。全书共11章，第1章为绪论，介绍松花江流域自然地理、经济特征与产业结构概况，并对常规水体污染物、重金属、多环芳烃、多氯联苯和新烟碱类杀虫剂的研究现状进行梳理，由崔嵩、付强、贾朝阳撰写。第2章是污染物分析处理与研究方法，介绍污染物的分析方法，以及污染评价、污染物排放估算、人体健康风险评估、农药暴露风险评价、水生生态风险评估、有机污染物沉积物-水交换等模型和方法，由崔嵩、张福祥、宋梓菌、李昆阳、刘志琨撰写。第3章是松花江哈尔滨段汇入支流水质评价与污染负荷估算，研究入江支流主要水质指标 DO（溶解氧）、COD$_{cr}$（采用重铬酸钾作为氧化剂测定出的化学需氧量）、BOD$_5$（五日生化需氧量）、TN（总氮）、TP（总磷）的污染特征，评价水质污染等级，分析水体污染的主要影响因素；同时，依据划分的控制单元估算污染物的年排放量及年入河量，并对估算结果进行不确定性与敏感性分析，由宋梓菡、贾朝阳、崔嵩撰写。第 4 章是松花江汇入支流沉积物中重金属污染特征与来源解析，研究松花江哈尔滨段城区、郊区与农村汇入支流重金属的浓度特征和空间分布特征，评价重金属的单一污染与综合污染等级及潜在生态风险，识别引起风险的主要重金属元素，同时解析不同区域河流重金属来源的差异化特征，由张福祥、高尚、崔嵩撰写。第 5 章是松花江干流重金属污染特征、健康风险评估与来源解析，分析水体、沉积物和沿岸土壤的重金属污染水平及空间分布特征，解析主要污染来源，同时评价重金属的污染等级与人体健康风险，由李昆阳、张福祥、安立会、崔嵩撰写。第 6 章是松花江沉积物中多环芳烃污染特征与来源解析，研究沉积物中多环芳烃的污染水平与空间分布特征，解析多环芳烃的组分特征与主要来源，阐释能源消耗对沉积物中多环芳烃富集的影响，由付强、崔嵩、李昆阳撰写。第 7 章是松花江多环芳烃沉积物-水交换行为与生态风险评估，通过建立沉积物-水交换模型分析多环芳烃的界面交换行为与季节性变化，揭示多环芳烃赋存浓度对界面交换行为的影响及其对有机碳浓度变化的响应，同时评估松花江沉积物中多环芳烃的生态风险，由崔嵩、付强、李天霄、刘东撰写。第 8 章是松花江典型工业区段多氯联苯组分特征与残留清单，以沉积物中多氯联苯浓度水平与组分特征为依据，揭示水泥行业非故意产生多氯联苯排放对稳定环境介质的影响，同时估算多氯联苯的残留清单与污染负荷，由崔嵩、付强、李一凡撰写。第 9 章是松花江沉积物中多氯联苯时空演变特征与生态风险评估，研究多氯联苯的浓度水平与空间分布特征，解析多氯联苯的主要来源并评估其潜在生态风险，揭示政策制定对环境中多氯联苯削减的影响，建立基于多氯联苯的污染物逆向管理框架，由崔嵩、郭亮、付强、李一凡撰写。第 10 章是松花江哈尔滨段新烟碱类杀虫剂污染特征与风险评估，研究水体和沉积物中新烟碱类杀虫剂的浓度特征与空间分布特征，揭示其沉积物-水交换行为，并评估人体健康风险与水生生物风险，由刘志琨、崔嵩撰写。第 11 章为结论，总结松花江水环境常规水体污染物与持久性有毒物质的环境行为与生态风险，并指出当前研究的不足，由崔嵩、付强、张福祥撰写。

在本书的撰写过程中，作者参考、引用并借鉴了国内外学者的有关论著，吸收了同行辛苦的劳动成果与前沿学术思想，从中得到了很大启发，在此向各位专家学者表示衷心的感谢。此外，在本书的成稿过程中，作者得到了中国科学院烟台海岸带研究所田崇国研究员、西安交通大学沈振兴教授、大连海事大学贾宏亮副教授、东北农业大学邢贞相教授等的大力支持与帮助，在此表示诚挚的谢意。

本书是东北农业大学松花江流域生态环境保护研究中心的阶段性研究成果。本书相关研究工作得到国家自然科学基金（项目编号：41401550、51779047）、中央支持地方高校改革发展资金优秀青年人才项目、国家"十三五"重点研发计划专题（项目编号：2017YFC0404503）、黑龙江省自然科学基金优秀青年项目（项目编号：YQ2019E001）、流域水循环模拟与调控国家重点实验室开放研究基金项目（项目编号：IWHR-SKL-KF202019）、东北农业大学"学术骨干"项目（项目编号：17XG04）、哈尔滨市主城区河流治污方案研究项目（项目编号：HC〔2016〕1685）的联合资助。

在撰写过程中，作者虽然勉力而为，但由于流域水环境污染的复杂性以及作者认知的局限性，书中难免存在不足之处，恳请同行专家学者多提宝贵意见，给予批评指正。

作　者

2021 年 12 月 12 日

目 录

前言

第1章 绪论 ·· 1

  1.1 松花江流域概况 ··· 1

    1.1.1 地理位置 ·· 1

    1.1.2 地形地貌 ·· 1

    1.1.3 河流水系 ·· 3

    1.1.4 气候土壤条件 ·· 4

    1.1.5 流域经济特征与产业结构 ·· 11

  1.2 水体典型污染物 ·· 13

    1.2.1 常规水质指标 ··· 13

    1.2.2 重金属 ·· 15

    1.2.3 典型有机污染物 ·· 18

  参考文献 ··· 26

第2章 污染物分析处理与研究方法 ·· 34

  2.1 样品预处理 ·· 34

    2.1.1 常规水质指标检测方法 ··· 34

    2.1.2 重金属检测方法 ·· 35

    2.1.3 有机污染物预处理方法 ··· 36

  2.2 质量保证与质量控制 ·· 38

  2.3 污染评价方法 ··· 39

    2.3.1 重金属污染指数法 ··· 39

    2.3.2 Nemerow 综合污染指数法 ··· 40

2.3.3 潜在生态风险指数法 41
2.3.4 水质标识指数法 42
2.4 污染物年排放量和年入河量估算方法 43
2.4.1 污染物年排放量估算方法 44
2.4.2 污染物年入河量估算方法 45
2.5 人体健康风险评估模型 45
2.5.1 重金属暴露风险 45
2.5.2 新烟碱类农药暴露风险 48
2.6 水生生态风险评估模型 49
2.7 有机污染物沉积物-水交换模型 49
参考文献 51

第3章 松花江哈尔滨段汇入支流水质评价与污染负荷估算 56
3.1 研究区域概况 57
3.2 样品采集和控制单元划分 58
3.3 污染特征分析与水质综合评价 60
3.3.1 总体分析 60
3.3.2 时空变化分析 61
3.3.3 水质等级评价 69
3.3.4 水体污染影响因素分析 71
3.4 污染负荷估算 73
3.4.1 污染物年排放量估算 73
3.4.2 污染物年入河量估算 76
3.4.3 不确定性分析与敏感性分析 80
3.5 本章小结 82
参考文献 82

目　录

第4章　松花江汇入支流沉积物中重金属污染特征与来源解析 …………… 85

4.1　研究区域概况 ……………………………………………………………… 87
4.2　样品采集 …………………………………………………………………… 87
4.3　重金属浓度特征 …………………………………………………………… 88
　　4.3.1　城市支流与农村支流重金属浓度特征 …………………………… 88
　　4.3.2　城郊支流重金属浓度特征 ………………………………………… 90
4.4　重金属空间分布特征 ……………………………………………………… 93
　　4.4.1　城市支流与农村支流重金属空间分布特征 ……………………… 93
　　4.4.2　城郊支流重金属空间分布特征 …………………………………… 94
4.5　重金属污染等级 …………………………………………………………… 96
　　4.5.1　单一重金属元素污染等级 ………………………………………… 96
　　4.5.2　重金属综合污染等级 ……………………………………………… 98
4.6　潜在生态风险 ……………………………………………………………… 100
4.7　重金属来源解析 …………………………………………………………… 102
　　4.7.1　农村支流 …………………………………………………………… 102
　　4.7.2　城市支流 …………………………………………………………… 103
　　4.7.3　城郊支流 …………………………………………………………… 104
4.8　本章小结 …………………………………………………………………… 106
参考文献 ………………………………………………………………………… 107

第5章　松花江干流重金属污染特征、健康风险评估与来源解析 ………… 111

5.1　样品采集 …………………………………………………………………… 112
5.2　重金属浓度特征 …………………………………………………………… 113
　　5.2.1　水体中重金属浓度特征 …………………………………………… 113
　　5.2.2　沉积物中重金属浓度特征 ………………………………………… 114
　　5.2.3　沿岸土壤中重金属浓度特征 ……………………………………… 116

5.3	重金属空间分布特征	117
5.4	重金属污染等级	119
5.5	人体健康风险评估	120
5.6	重金属来源解析	122
5.7	本章小结	124
参考文献		125

第6章 松花江沉积物中多环芳烃污染特征与来源解析 … 130

6.1	样品采集	131
6.2	沉积物中多环芳烃的浓度	132
6.3	沉积物中多环芳烃的空间分布	134
6.4	沉积物中多环芳烃组成的变化与来源解析	137
	6.4.1 沉积物中多环芳烃组成的变化	137
	6.4.2 来源解析	138
6.5	能源消耗对沉积物中多环芳烃的影响	140
6.6	本章小结	142
参考文献		143

第7章 松花江多环芳烃沉积物-水交换行为与生态风险评估 … 148

7.1	数据来源	149
7.2	沉积物-水交换	151
	7.2.1 多环芳烃在沉积物-水中的分配	151
	7.2.2 多环芳烃的季节性变化	153
	7.2.3 多环芳烃浓度对沉积物-水交换的影响	155
	7.2.4 逸度分数对有机碳变化的响应	156
7.3	生态风险评估	157
7.4	本章小结	159
参考文献		160

第8章 松花江典型工业区段多氯联苯组分特征与残留清单 ……… 163

    8.1 样品采集 ……… 165
    8.2 多氯联苯的浓度水平 ……… 166
    8.3 理化性质和总有机碳对多氯联苯浓度的影响 ……… 167
    8.4 沉积物中多氯联苯组分特征 ……… 168
        8.4.1 多氯联苯同族体 ……… 168
        8.4.2 多氯联苯同系物的组分特征 ……… 172
    8.5 多氯联苯残留清单估算 ……… 175
    8.6 本章小结 ……… 176
    参考文献 ……… 177

第9章 松花江沉积物中多氯联苯时空演变特征与生态风险评估 ……… 181

    9.1 样品采集 ……… 181
    9.2 多氯联苯的浓度水平与空间分布 ……… 182
    9.3 多氯联苯的时间变化趋势 ……… 187
    9.4 多氯联苯的来源 ……… 189
    9.5 潜在生态风险评估 ……… 192
    9.6 多氯联苯消除的政策效应 ……… 193
    9.7 持久性有机污染物的逆向管理框架 ……… 195
    9.8 本章小结 ……… 197
    参考文献 ……… 198

第10章 松花江哈尔滨段新烟碱类杀虫剂污染特征与风险评估 ……… 202

    10.1 样品采集 ……… 203
    10.2 水体中新烟碱类杀虫剂浓度特征 ……… 205
    10.3 沉积物中新烟碱类杀虫剂浓度特征 ……… 207

10.4 新烟碱类杀虫剂分布特征 ········· 209

10.5 沉积物-水交换 ········· 211

10.6 人体健康风险评估 ········· 213

10.7 水生生物风险评估 ········· 214

10.8 本章小结 ········· 216

参考文献 ········· 217

第 11 章 总结 ········· 221

第1章 绪 论

1.1 松花江流域概况

1.1.1 地理位置

松花江流域（119°52′E～132°31′E，41°42′N～51°38′N）由嫩江、西流松花江和松花江干流三个子流域组成，全流域包括 24 个地级市（盟），是我国七大流域之一，流域总面积达 56.12 万 km^2，约占黑龙江流域总面积（184.3 万 km^2）的 30.45%，行政区涉及黑龙江省、吉林省、辽宁省和内蒙古自治区四省区（水利部松辽水利委员会，2015）。

松花江是黑龙江右岸最大的支流，其源头由南北两源组成：北源为嫩江；南源为西流松花江，又称南源松花江（曾称第二松花江，1988 年 2 月 25 日吉林省人民政府决定废止第二松花江的名称）。水文上一般以南源作为正源，以北源作为支流。西流松花江与嫩江在吉林省扶余市三岔河附近汇合后形成松花江干流，松花江干流流至同江市附近注入黑龙江（黑龙江省地方志编纂委员会，1998）。本书重点研究松花江干流和西流松花江子流域水环境典型污染物的污染特征、来源解析、环境行为、风险识别、政策效应与环境管理模式等问题。

1.1.2 地形地貌

松花江流域东、西、北部三面环山，中部为宽阔的松嫩平原，东部为三江平原，平原与山地之间形成丘陵过渡带，流域内部平原区面积 21.21 万 km^2，山丘区面积 34.91 万 km²。流域西部为大兴安岭，东北部为小兴安岭，东部和东南部为完达山脉、老爷岭、张广才岭和长白山等，西南部的丘陵地带为松花江和辽河流域的分水岭（水利部松辽水利委员会，2015）。

松花江流域北部以小兴安岭与黑龙江为界，属于典型的低山丘陵地貌，其海拔为 1000～2000 m，地形起伏较平缓，坡度多为 10°～25°，多年冻土呈岛状小块分布，多分布于河漫滩，厚度可由数米增加至数十米（周军等，2016；刘林馨，2012）。松花江流域西部的松辽分水岭全长近 300 km，海拔为 140～250 m，是在新构造运动作用下形成的一个构造地貌单元，为新构造运动的表现和结果（赵海卿等，2009）。松花江流域东南部为张广才岭、长白山等中低山地，海拔一般为 200～2700 m，北端地势较陡峻，南端山势较缓（周军等，2016）。松花江流域中部的松嫩平原可分为东部隆起区、西部台地区（统称山前冲积、洪积台地）及冲积平原区，山前台地现代侵蚀严重，水土流失明显，其海拔为 100～300 m；冲积平原地形开阔，盐渍化发育，但排水不畅，多为盐碱湖泡、沼泽等，其海拔为 110～180 m（张延成，2020）。松花江流域数字高程数据来源于地理空间数据云（中国科学院计算机网络信息中心，2021），如图 1-1 所示。

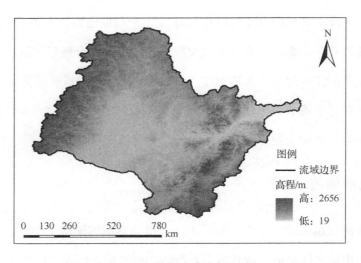

图 1-1　松花江流域高程图

以北纬 43°为界，松花江流域北部为天山和兴安地层区，南部为华北地层区，横跨两个一级地层区。松花江流域的地质地貌状况极为复杂，各时代地层均有分布，地层分布呈现覆盖广、差异强的特点。岩浆的侵入与喷出造就了岩层出露零星的特点，地表分布主要以花岗岩、中酸性火山岩及玄武岩为主，山川河流的展布方向则是地质构造的表征。综合各种地貌景观来看，松花江流域位于阴山至天山巨型纬向构造带以北，新华夏第二隆起带与第三隆起带之间。流域的构造格局控制和影响着流域内各时代不同规模、不同类型的地质体展布特点、地震活动特征、地下水形成及储存和运移条件等。

西流松花江子流域地势西北低、东南高，河流上游为吉林市高山区的河段。西流松花江子流域海拔多数在 500 m 以上，中部平原区和丘陵海拔在 200~500 m，下游区域海拔多数在 200 m 以下。松花江干流子流域地势中段高、上下游低。干流中段河道两侧为高平原和丘陵区，河道长约为 432 km，河谷较狭窄。干流中部海拔大多在 300 m 以上，南部山区海拔最高可达 1600 m，下游区河道两侧地势低平，海拔多为 50~80 m，因此松花江干流下游区均为历年防洪重点区域（邓红兵等，2017）。

1.1.3 河流水系

松花江由嫩江、西流松花江和松花江干流组成。嫩江发源于大兴安岭支脉伊勒呼里山中段南侧的南瓮河，全长 1370 km。嫩江子流域分布在内蒙古自治区、黑龙江省和吉林省，其分布面积广，支流数量多，子流域内流域面积超过 1 万 km^2 的主要支流共有 8 条，分别为乌裕尔河、诺敏河、绰尔河、洮儿河、甘河、雅鲁河、讷谟尔河、霍林河。西流松花江发源于长白山天池西北侧，河流上游分南源头道江和北源二道江，头道江与二道江在白山水电站坝址以上 12 km 处汇合形成西流松花江（齐文彪等，2018）。西流松花江中游区（吉林市至长滨铁路松花江桥段）

河谷较宽，地势平坦开阔，其左岸有鳌龙河汇入，后有较大支流饮马河汇入，西流松花江全长 958 km。西流松花江子流域在行政区划上全部属于吉林省，主要分属在四平、吉林、通化、白城、长春、延边等 6 个区域，它们是吉林省人口集中、交通便利的工农业较发达地区。流域地势较高，海拔将近 2700 m，流域面积为 7.34 万 km^2。松花江干流指嫩江与西流松花江在吉林省扶余市三岔河附近汇合后向东流至同江镇河口的河流，西流松花江与嫩江交汇处海拔为 128.22 m，松花江干流流经肇源、扶余、哈尔滨、巴彦、木兰、通河、方正、依兰、汤原、佳木斯、桦川、绥滨、富锦和同江等县市，右岸通过同江东北约 7 km 处注入黑龙江，成为黑龙江在中国境内最大的支流。松花江干流注入黑龙江处海拔为 57.16 m，总长为 939 km，流域面积为 18.64 万 km^2。其两岸支流众多，河流坡降较为缓慢。松花江干流左岸有都鲁河、梧桐河、汤旺河和呼兰河等河流注入，右岸有倭肯河、牡丹江、拉林河、蚂蚁河等河流注入（邓红兵等，2017）。

1.1.4 气候土壤条件

1. 气候条件

气候条件是形成松花江流域独特自然环境的重要因素。松花江流域水资源主要来源于降水，降水的时空变化制约着水资源的空间分布格局，进而直接影响流域水资源的利用。温度和风速直接影响流域内植被的种类和分布格局。因此，气候是影响流域生态环境的关键因素。本节利用松花江流域气象统计资料（NOAA，2021），分析了松花江流域气候要素的空间分布特征。

1）降水的空间分布特征

松花江干流子流域及西流松花江子流域 2010～2019 年年均降水量为 484.5～914.9 mm，具有降水时空分布极不均匀的特点，降水量山丘区多，平原区少，降水量由东南向西北逐渐减少，南部和中部降水较多，东部和北部次之，西部最少（图 1-2、图 1-3）。年内降水量分布不均，汛期（6～9 月）降水量较多，可占全年总降水量的 60%～80%，冬季（12 月～翌年 2 月）降水量较少，仅占全年总降水量的 5%左右。流域内降水量年际变化明显，最大年降水量与最小年降水量之比约为 3∶1，时而出现连续多年多雨或连续多年少雨的情况，因此，松花江流域是涝灾、洪灾、旱灾的多发区。

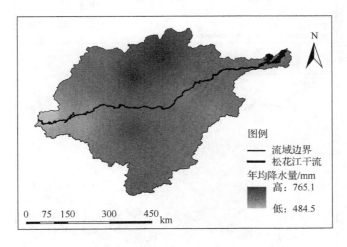

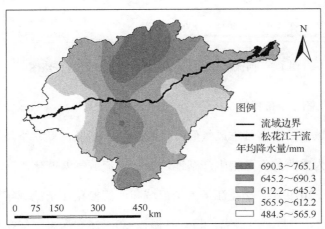

图 1-2 松花江干流子流域年均降水量分布及分级图

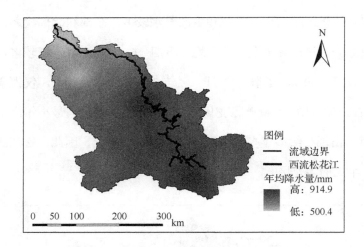

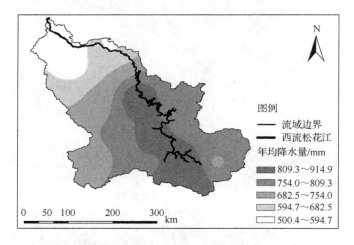

图 1-3　西流松花江子流域年均降水量分布及分级图

2）气温的空间分布特征

松花江流域地处中温带季风气候区,春季干燥多风,夏秋季降水较多,冬季严寒漫长。作为重要的商品粮生产基地,松花江流域气温变化对区域发展具有重要影响。2010~2019 年,松花江干流子流域和西流松花江子流域年均气温变化范围为 2.0~5.1℃,7 月温度最高,日均气温以 20~25℃为主,但在极端天气情况下最高温度可达 40℃;1 月温度最低,平均气温一般为-20℃左右,气温最低时曾出现-42.6℃的情况。松花江干流子流域年均气温主要呈由南部至北部依次递减分布，而西流松花江子流域年均气温主要呈由西北部至东南部依次递减分布（图1-4、图1-5）。

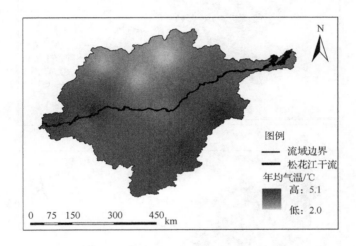

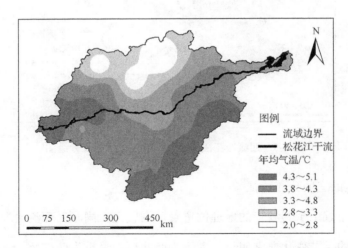

图1-4 松花江干流子流域年均气温分布及分级图

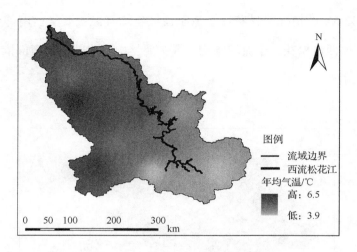

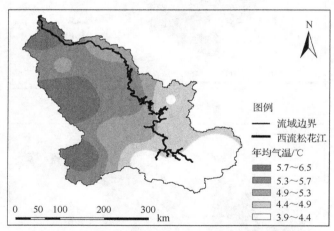

图 1-5　西流松花江子流域年均气温分布及分级图

3）风速的空间分布特征

松花江流域由于其独特的地理位置且范围较大，同时受环流情况的影响较为严重，风向的季节变化非常明显，冬季为西北风，夏季为西南风，过渡季节为西南风与西北风交替。松花江干流子流域及西流松花江子流域年均风速范围为1.8～3.7 m/s，春季平均风速最大，且以 4 月最高，平均风速为 4.0～6.5 m/s；夏季风速较低，尤其是 8 月达到风速最低值。流域全年平均 6 级以上大风可累计 40～60 天，

8级以上大风一般为 5~20 天，流域内各地区最大风速皆超过 20 m/s，个别地区的最大风速更大（图 1-6、图 1-7）（邓红兵等，2017）。

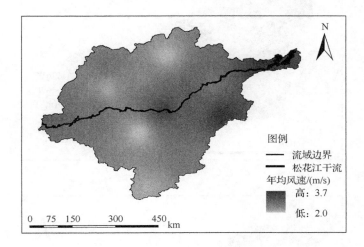

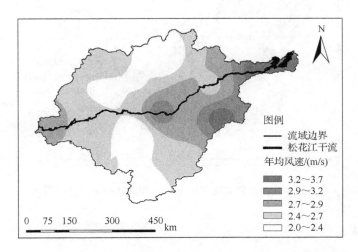

图 1-6　松花江干流子流域年平均风速分布及分级

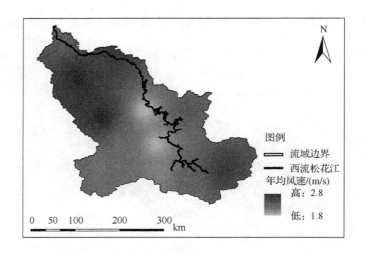

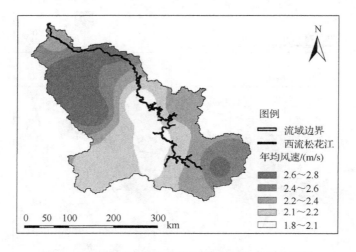

图 1-7　西流松花江子流域年平均风速分布及分级图

2. 土壤条件

土壤条件主要通过限制在土壤中生长的植物的初级生产力进而影响流域的生态环境。松花江流域土壤类型主要分为淋溶土、半淋溶土、初育土、钙层土、盐碱土、水成土、半水成土、人为土和高山土等 9 类。这 9 类土壤覆盖面积占松花江流域总面积的 99%以上，其中流域内 88%的土壤为淋溶土、半水成土、钙层土和半淋溶土。土壤空间分布主要为流域周边山区淋溶土、中部平原钙层土和半水成土以及山地平原过渡带的淋溶土。土壤类型主要为草甸土、暗棕壤、黑土和黑钙土，占流域土壤总面积的 79%。从空间分布看，流域周围山区主要为暗棕壤、零星分布的棕色针叶林土、草甸土、沼泽土和灰色森林土等。从地理位置上看，西北部山区的棕色针叶林土明显高于东南部山区，而东南部山区则有更多的白浆土，中部平原区以黑钙土和草甸土为主（邓红兵等，2017）。

1.1.5 流域经济特征与产业结构

根据《第七次全国人口普查公报》显示，松花江干流子流域及西流松花江子流域总人口为 5759.1 万人。总人口超过 100 万的城市包括哈尔滨市、长春市、齐齐哈尔市、牡丹江市、绥化市、吉林市、大庆市、铁岭市、松原市、佳木斯市、延边朝鲜族自治州、四平市、抚顺市、鸡西市、通化市、黑河市和双鸭山市共 17 座（黑龙江省统计局，2021；吉林省统计局，2021；辽宁省统计局，2021）。松花江干流子流域及西流松花江子流域森林、草地、土地资源丰富，水土匹配良好，光热条件适宜，主要种植玉米、水稻、大豆、小麦、高粱等粮食作物，是我国重要的商品粮生产基地，同时也是拥有雄厚基础的老工业基地，多年来为我国的经济建设和社会发展做出了重要贡献。但长期以来，流域内产业结构相对单一，在经济转型阶段容易出现抗风险能力和市场冲击能力较弱的问题，这会导致区域经济发展面临严重压力。松花江干流及西流松花江子流域 2019 年 GDP 为 26812.1 亿元，第一产业生产总值为 4433.6 亿元，第二产业生产总值为 8319.4 亿元，第三产业生产总值为 14059.1 亿元，三产结构比例为 1∶1.9∶3.2（一产∶二产∶三产）（黑龙江省统计局，2020；吉林省统计局，2020；辽宁省统计局，2020）。实际上，工农业生产过程中资源的消耗及生产资料的过量使用仍将对流域生态环境健康可持续发展产生较大影响。

松花江干流子流域与西流松花江子流域产业结构变化情况较不一致，西流松花江子流域产业结构比例由 2010 年的 1∶5.4∶4.1 调整为 2019 年的 1∶2.0∶3.3，10 年间，该子流域从以第二产业为主转变为以第三产业占据主导地位，以服务业为主导的第三产业生产总值占西流松花江子流域 GDP 的 50%以上。松花江干流子流域产业结构比例由 2010 年的 1∶2.1∶1.4 调整为 2019 年的 1∶4.5∶7.7，与西流松花江子流域相似，松花江干流子流域 10 年间从以第二产业为主转化为以第三产业占据主导地位，尽管以服务业为主导的第三产业生产总值占松花江干流子流域 GDP 的 50%以上，但该子流域以工业生产为主导的第二产业占比与 2010 年相比有所增长（黑龙江省统计局，2020；吉林省统计局，2020）。

松花江干流子流域及西流松花江子流域地处我国高寒地区，随着工业发展的不断加快，建筑材料与化石燃料消耗、企业综合能源消耗及交通运输基础设施建设等城市能源消耗逐年提高，以位于松花江干流子流域的黑龙江省为例，2019 年黑龙江省规模以上企业综合能源消耗量达 5370.9 万 t 标准煤，运输线路长度达 138464.3 km。位于松花江干流子流域的哈尔滨市是我国高寒地区的典型城市及东北地区老工业基地之一。根据《2019 年哈尔滨市国民经济和社会发展统计公报》（哈尔滨市人民政府，2020）显示，哈尔滨市地区生产总值共 5249.4 亿元，比上年增长 4.4%。其中，第一产业实现增加值 569.5 亿元，增长 2.6%；第二产业实现增加值 1127.3 亿元，增长 3.1%；第三产业实现增加值 3552.6 亿元，增长 5.2%。产业结构比例由上年的 1∶2.1∶6.4 调整为 1∶2.0∶6.3。第一、第二、第三产业对地区生产总值增长的贡献率分别为 7.4%、17.5%和 75.1%。全年实现全部工业增加值 861.3 亿元，比上年增长 3.0%。经济快速发展的同时也对松花江流域生态环境造成了一定程度的负面影响，如城市黑臭水体、重金属和有机污染物污染程度加深以及区域空气质量下降等问题。

1.2 水体典型污染物

1.2.1 常规水质指标

溶解氧（dissolved oxygen, DO）是指水体与大气交换或经化学、生物化学反应后溶解于水体中的氧，以每升水体中含氧的毫克数（mg/L）表示（《环境科学大辞典》编辑委员会，1991）。DO 是维系良好河流（湖泊）水质的较重要条件之一，缺氧以及厌氧条件皆会对河流（湖泊）的生物群落和生态系统造成直接或间接的不利影响（张运林，2015）。在正常状态下，洁净的地表水中 DO 一般处于饱和状态；但当水体受到耗氧有机污染物（碳水化合物、脂肪酸、氨基酸、酯类和油脂等）及还原性物质污染时，水体中 DO 会被急剧消耗，当消耗速度超过复氧速度时，DO 会接近零而呈缺氧状态（王翔朴等，2000）。此时，水体中的厌氧微生物对有机物进行厌氧分解，产生的有毒有害气体会使水体变黑发臭，对水生态系统造成严重危害（李静，2019）。因此，DO 可作为评价水质是否受有机污染的间接判断指标，其浓度越低，表示水体自净能力越差，受有机污染越严重。另外，DO 也是评价鱼类生存环境质量的重要指标，保障多种鱼类生存的最低 DO 浓度为 4 mg/L（《环境科学大辞典》编辑委员会，1991）。

化学需氧量（chemical oxygen demand, COD）是指在规定条件下，水体中还原性物质（硫化物、亚硝酸盐和亚铁盐等）进行化学氧化过程中所消耗氧化剂的量，以每升水体中消耗氧的毫克数（mg/L）表示，其是指示水体被有机物污染的主要指标之一，水体中 COD 浓度越高，表明有机物浓度越高（刘蔚华等，1991）。有机污染物通过生活污水和工业废水的排放以及动植物腐烂分解后随降雨流入水体中，导致水生生物缺氧以至死亡，水质腐败变臭。另外，具有较强毒性的有机物（如苯、苯酚等）会对水生生物和人体健康造成直接伤害，若使用受污染的水体进行灌溉，亦会污染农田土壤，并通过农作物进入食物链，危害人类健康（杨越，2013）。目前，我国地表水受有机物污染的现象极为普遍，2015年全国废水中COD排放量达2223.5万t，因此，研究水体中的COD在水环境污染防治和保护方面均具有非常重要的意义（张永，2017）。

生化需氧量（biochemical oxygen demand, BOD）是指水体中微生物分解有机物的过程中消耗水体中DO的含量，以每升水体中消耗溶解氧的毫克数（mg/L）表示（刘蔚华等，1991）。微生物分解有机物的速度和程度与温度和时间有直接关系，为了使BOD的检测结果具有可比性，通常采用在20℃条件下，培养五天后测定DO的消耗量作为标准方法，称为五日生化需氧量（biochemical oxygen demand after 5 days, BOD_5），相应地还有十日生化需氧量（biochemical oxygen demand after 10 days, BOD_{10}）、二十日生化需氧量（biochemical oxygen demand after 20 days, BOD_{20}）（刘蔚华等，1991）。BOD反映了水体中可被微生物分解的有机物总量，是反映水体有机污染物含量的一个综合指标，其值越高，表示水体中需氧有机污染物越多，污染越严重（邓绶林，1992）。在我国，工业废水、生活污水的排放以及农业面源污染使河流有机污染非常严重，水体中有机污染物的成分十分复杂，在现有的技术水平和资金条件下，不能定量分析各种有机物的含量，所以采用DO、COD和BOD等指标综合反映有机污染物的污染程度仍是水质监测的重要内容（陆彦彬，2006）。

总氮（total nitrogen, TN）是指水体中各种形态无机氮（硝酸盐、亚硝酸盐和氨氮等）和有机氮（蛋白质、氨基酸和有机胺等）的总量，以每升水体中含氮毫克数（mg/L）表示，是衡量水质的重要指标之一（河海大学《水利大辞典》编辑修订委员会，2015）。水体中TN含量与水体富营养化密切相关，其含量的增加会使藻类和浮游生物大量繁殖，水体表面因优势藻种类差异而呈现各种颜色（如绿色、蓝色、赤色和乳白色等），特别是在湖泊、水库等相对静止的水体更易出现（王中荣，2016）。同时，藻类的大量繁殖会打破水生生态平衡，造成水生动物（鱼、虾等）死亡，使水体产生恶臭味，影响周围居民的正常生活，而当人类食用因水体富营养化而死亡的水产品时，则会严重威胁人体健康（王中荣，2016），因此，TN 常被用来表示水体受营养物质污染的程度，其含量越高，表示水体富营养化程度越严重（河海大学《水利大辞典》编辑修订委员会，2015）。

总磷（total phosphorus, TP）是指水体中各种形态无机和有机磷的总量（《环境科学大辞典》编辑委员会，1991），包括正磷酸盐、缩合磷酸盐（焦磷酸盐、偏磷酸盐、聚磷酸盐）及有机结合的磷（如磷脂等），以每升水含磷毫克数（mg/L）表示，是衡量水质的重要指标之一（王中荣，2016）。磷是藻类生长所必需的一种营养元素，天然水体中 TP 浓度很低，但大量的工业废水、生活污水、含化肥和有机农药的农业退水向水体的过量排放超过了其本身的净化能力，使 TP 浓度增加。一般来说，水体中 TP 浓度超过 0.02 mg/L 时，会使藻类等水生植物和微生物大量繁殖，并在流动缓慢的水域聚集而形成大片的水华或赤潮，出现水体富营养化状态（梁康甫，2016）。藻类的死亡和腐化又会消耗一部分水中的 DO，使其浓度降低和能见度下降，进一步影响水生生物的光合作用，致其死亡，造成水质恶性循环，从而引起水体生态失衡（梁康甫，2016），因此，TN 和 TP 常被用作反映水体富营养化程度的水质指标。

1.2.2 重金属

重金属通常为密度大于 4.5 g/cm^3 的金属及类金属元素，是环境中普遍存在的一类污染物，广泛分布于水体、土壤、沉积物、大气和积雪等环境介质中（Wang et al., 2021；周军等，2016；Li et al., 2013；汤鸿霄，1979），由于其具有环境毒性、持久性和生物蓄积性等特点及其对人体健康的危害而受到广泛关注。重金属的污染来源分为自然源和人为源，其中自然源包括土壤侵蚀、岩石风化和火山活动等造成的重金属的释放；人为源主要包括矿山和油田的开采、电镀冶金、农药化肥的使用以及汽车尾气和工业废水的排放等人为活动。重金属一旦进入环境中将很难被降解，仅能通过物理、化学、生物过程使其发生空间上的转移和形态上的转化。同时，进入水体的重金属元素会不同程度地吸附在水体悬浮颗粒物上，并在重力的作用下，通过沉降而进入表层沉积物，而当环境条件改变时，赋存在表层沉积物中的重金属还会被再次释放到水体中去，最终在水体各组分之间形成一个复杂的体系（洪亚军等，2019）。

重金属的生物毒性效应显著，可引发各级生物急性和慢性中毒，具有明显的生物早期发育毒性、生物免疫毒性和基因毒性（Chen et al., 2018）。并可通过呼吸、皮肤接触以及食物链的传递等途径进入人体，虽然部分金属元素（如铁、铜和锌等）是人体正常新陈代谢所必不可少的，但过量的重金属摄入将对人体健康产生不利影响，进而导致慢性中毒甚至引发癌症（Li et al., 2014）。然而，如镉、铅和砷等这类非人体代谢所必需的重金属元素，即使在低含量水平下仍会对人体产生明显的毒性作用（Zhang et al., 2017；US EPA, 1999）。此外，环境中的重金属在一定条件下还能与某些有机物发生反应进而转化成毒性更大的金属——有机复合污染物（洪亚军等，2019；Cui et al., 2018）。重金属污染已对生态环境安全和人类健康产生了严重威胁，并成为当前较严峻的全球性环境问题之一（Xiao et al., 2019；Minh, et al., 2012）。

河流是人类赖以生存的主要淡水资源，但随着城镇化与工业化进程的不断加快，我国水环境污染问题日益严峻，并已成为影响居民身体健康和制约经济社会可持续发展的重要瓶颈（中国科学院，2016）。重金属污染早在人类开始加工并使用化石燃料的时期就已形成（Paul，2017），而人类活动的不断加剧以及工农业的快速发展，导致含有大量重金属残留的工业"三废"、生活污水以及农田退水排放到河流系统中，进而导致了河流重金属污染成因的复杂化。我国对重金属污染问题极为重视，生态环境部相继批复了《重金属污染综合防治"十二五"规划》《关于加强涉重金属行业污染防控的意见》等一系列有关重金属污染防治的政策文件，严控铅、汞、铬、镉和类金属砷等5种重金属的污染排放，同时兼顾镍、铜、锌、银、钒、锰、钴、铊、锑等其他重金属污染物，并严格把控重金属来源，从源头治理的角度，将重有色金属矿采选业、重有色金属冶炼业、铅酸蓄电池制造业、皮革及其制品制造业、化学原料及化学制品制造业等行业设为重点防控行业，并明确指出要建立起较为完善的重金属污染防治体系、事故应急体系和环境与健康风险评估体系。

20世纪80年代以来，学者对松花江流域重金属污染问题已开展了大量的研究工作，如对松花江进行了水体和沉积物重金属背景值的调研，并陆续开展了重金属的污染特征识别、生态风险评价和来源解析等相关工作（Li et al.，2020；李泽文，2019；周军等，2016；张凤英等，2010；佘中盛等，1992；李健等，1989）。研究表明，由于早期工业化程度的不断加快，松花江流域铅、镉污染较为严重（沈园等，2016；周军等，2016）。本书以松花江干流多介质环境（水体、沉积物和沿岸土壤）为研究载体，综合集成环境监测、来源解析和生态风险评价技术与方法，系统深入地开展松花江干流和西流松花江重金属污染特征、环境行为、生态风险及潜在来源的研究工作，并着重研究关键污染地区——松花江哈尔滨段及其主要支流的重金属污染特征，以期为东北老工业基地振兴过程中流域生态安全保障提供科学依据，实现流域资源、环境、经济和社会的协调可持续发展。

1.2.3 典型有机污染物

1. 多环芳烃

多环芳烃（polycyclic aromatic hydrocarbons, PAHs）是一类由两个及以上苯环组成的稠环化合物，因其来源广泛而成为环境中普遍存在的有机污染物。由于 PAHs 种类众多，且具有环境持久性、生物蓄积性、长距离迁移性以及"三致效应"（致癌、致畸、致突变）等特点，并能够对生态环境和人体健康造成严重威胁，目前已被多个国家列入了优先控制污染物（Wu et al., 2012; Dimashki et al., 2001）。其中，美国环境保护署（United States Environmental Protection Agency, US EPA）根据其在环境中分布的普遍性、人群暴露和健康风险程度及其毒性，规定 16 种 PAHs 作为优先控制污染物，包括萘（naphthalene, Nap）、苊烯/二氢苊（acenaphthylene, Acy）、苊（acenaphthene, Ace）、芴（fluorene, Flu）、菲（phenanthrene, Phe）、蒽（anthracene, Ant）、荧蒽（fluoranthene, Fla）、芘（pyrene, Pyr）、苯并[a]蒽（benzo[a]anthracene, BaA）、䓛（chrysene, Chr）、苯并[b]荧蒽（benzo[b]fluoranthene, BbF）、苯并[k]荧蒽（benzo[k]fluoranthene, BkF）、苯并[a]芘（benzo[a]pyrene, BaP）、茚并[1,2,3-cd]芘（indeno[1,2,3-cd]pyrene, IcdP）、二苯并[a,h]蒽（dibenz[a,h]anthracene, DahA）和苯并[g,h,i]苝（benzo[g,h,i]perylene, BghiP）。根据苯环数量，PAHs 大致可分为二环或双环芳烃（Nap）、三环芳烃（Ant、Phe 等）、四环芳烃（Pyr、Chr 等）、五环芳烃（BaP、DahA 等）和六环芳烃（IcdP、BghiP 等）。通常，可将 PAHs 分为低分子量多环芳烃（low-molecular-weight-PAHs, LWM-PAHs），即含有 2~3 个苯环的 PAHs；高分子量多环芳烃（high-molecular-weight-PAHs, HWM-PAHs），即含有 4~6 个苯环的 PAHs。根据分子结构划分，PAHs 可分为两种：一种是直链多环芳烃（Phe、Ant 等）；另一种是角状多环芳烃（BaP、BghiP 等）。

PAHs 多为无色或淡黄色结晶，个别颜色较深，具有较高的熔点和沸点，蒸气压较低，辛醇-水分配系数（K_{ow}）较高，难溶于水，可通过呼吸、饮食、饮水甚至皮肤接触进入人体，对人类健康造成危害，如引起呼吸道和皮肤发生病变，以及对肝、肾等脏器和神经系统、内分泌系统、生殖系统等有急性和慢性毒性，部分 PAHs 对人类还具有"三致效应"（Lu et al., 2018; Wang et al., 2017; Li et al., 2010）。表 1-1 列举了 US EPA 优先控制的 16 种 PAHs 的部分物理化学参数（IARC, 2010；马万里，2010；Tsai et al., 2004）。

表 1-1 US EPA 优先控制的 16 种 PAHs 的部分物理化学参数

PAHs	环数	分子量	分子式	熔点/℃	log K_{ow}	蒸气压/mmHg（25℃）
Nap	2	128	C_9H_8	80.2	3.3	$4.45×10^{-1}$
Acy	3	152	$C_{12}H_8$	92.5	3.9	$1.5×10^{-4}$
Ace	3	154	$C_{12}H_{10}$	93.4	3.9	$2.1×10^{-4}$
Flu	3	166	$C_{13}H_{10}$	114.8	4.2	$3.8×10^{-4}$
Phe	3	178	$C_{14}H_{10}$	99.2	4.5	$1.5×10^{-6}$
Ant	3	178	$C_{14}H_{10}$	78.1	4.5	$1.5×10^{-6}$
Fla	4	202	$C_{16}H_{10}$	107.8	5.2	$2.6×10^{-8}$
Pyr	4	202	$C_{16}H_{10}$	151.2	4.9	$2.6×10^{-6}$
BaA	4	228	$C_{18}H_{12}$	84.0	5.8	$1.3×10^{-9}$
Chr	4	228	$C_{18}H_{12}$	258.2	5.8	$1.3×10^{-9}$
BbF	5	252	$C_{20}H_{12}$	168.0	5.8	$2.8×10^{-12}$
BkF	5	252	$C_{20}H_{12}$	217.0	6.1	$7.0×10^{-11}$
BaP	5	252	$C_{20}H_{12}$	133.4	6.0	$2.8×10^{-12}$
IcdP	6	276	$C_{22}H_{12}$	161.3	6.8	$6.3×10^{-14}$
DahA	5	278	$C_{22}H_{14}$	269.5	6.5	$1.8×10^{-13}$
BghiP	6	276	$C_{22}H_{12}$	199.7	6.7	$0.6×10^{-12}$

PAHs 主要来源于人类生产生活过程中化石和生物质燃料的不完全燃烧，同时也包括森林、草原火灾和火山活动等自然源（Bzdusek et al., 2004; Larsen et al., 2003;

Simcik et al.,1999)。环境中的 PAHs 可通过工业废水及生活污水的直接排放、地表径流、大气沉降等方式进入天然水体,由于其水溶性较低,进入到水体的 PAHs 易于吸附在水体中的悬浮颗粒物上,并在重力的作用下沉降至表层沉积物,因此沉积物常作为水环境中污染物的"汇"(吴义国等,2017)。当对水体进行修复或者水体中有机污染物含量减少时,为了使污染物在水体和沉积物间达到稳恒态,沉积物将会作为二次排放源将赋存其中的污染物重新释放至水体中,因此针对 PAHs 等有机污染物的沉积物-水交换行为进行研究愈发重要(崔嵩等,2016)。此外,PAHs 作为一类半挥发性有机污染物,能够从生产及使用地向其他地方迁移(余刚等,2001)。加拿大科学家 Wania 和 Mackay 于 1993 年给出了关于持久性有机污染物(persistent organic pollutants, POPs)向极地迁移和沉积趋势的一个合理的解释,即"全球蒸馏(分馏)效应"(也被称为"冷凝效应")(Wania et al., 1993)。由于化学品的挥发特性和环境温度状况强烈影响着其分配格局,这种挥发特性意味着 POPs 在热带和温带倾向于挥发,而在寒冷地区趋向于冷凝而沉积,因此 Wania 等(1996)称这种阶段性跳跃现象为"蚱蜢跳效应"。范博等(2019)对我国七大流域水体 PAHs 分布特征的研究表明,我国北方水体中 US EPA 优先控制的 16 种 PAHs 浓度明显高于南方地区,其中属松花江流域 PAHs 总浓度最高,且致癌类 PAHs 的饮水暴露途径健康风险已超过 US EPA 所推荐的最大可接受风险水平。随着松花江流域经济社会的快速发展,流域水环境中污染物的累积逐渐增多,李泽文等(2020)的研究表明,吉林与黑龙江两省 2015 年废污水排放量占流域废水排放总量的 95%左右。因此针对松花江流域 PAHs 污染问题应特别针对吉林省与黑龙江省所在的西流松花江与松花江干流流域,揭示其环境迁移转化机理、时空异质性特征及其与能源消耗的潜在联系,以期为区域范围内水体中 PAHs 的污染控制、环境修复及工农业发展规划的制定等方面提供参考依据。

2. 多氯联苯

多氯联苯（polychlorinated biphenyls, PCBs）是一类人工合成的疏水性有机氯化物，并被《关于持久性有机污染物的斯德哥尔摩公约》确立为优先控制的12类POPs之一。PCBs因具有非凡的稳定性和较高毒性并可随大气进行长距离迁移，而会对人类健康和生态环境造成潜在威胁（Tian et al., 2013；Ren et al., 2007；Xing et al., 2005）。在水生生态系统中，进入水体中的PCBs可吸附在水体悬浮颗粒物上，后在重力作用下沉降至表层沉积物，并可在底栖类的生物体内富集，进而可通过食物链转移到更高营养级（Barhoumi et al., 2014；Chau, 2005）。当污染物在水和沉积物之间的平衡状态被打破时，还会再次向水体中释放，因此赋存在沉积物中的这些有毒物质可被视为水生生态系统的"定时炸弹"。

PCBs是联苯在金属催化剂的作用下经氯化后的产物，根据氯原子的取代程度从1到10构成不同的PCB同族体。根据氯原子在苯环上取代的位置和数量的不同，迄今为止，已人工合成209种PCB同系物。氯原子取代的位置和数量决定了PCB同系物的理化性质具有较大的差异。纯净态PCBs化合物呈结晶状态，混合物则为油状液体，随着氯原子数的增多，PCBs的形态也发生相应的变化，由液态、流动性较好转变成树脂状、黏稠度高的状态。PCBs因化学稳定性、不可燃性、抗氧化性、抗降解性、耐腐蚀性、耐热性及良好的电绝缘性，且在室温下呈固态，蒸气压和水溶性均较低而表现出非凡的物理化学特性，使得其在日常生产生活以及工农业生产中均得到广泛的应用（Liu et al., 2008），如作为变电设备的绝缘材料、液压设备与热传导系统的传导介质以及在农药、油漆、密封剂和塑料工业中被用作添加剂。部分PCB同系物（指示性PCB同系物）的理化性质见表1-2。

表 1-2 指示性 PCB 同系物的理化性质

同系物	分子量/(g/mol)	熔点/℃	溶解度/(g/m^3)	log K_{ow}	log H/(Pa·m^3/mol)	蒸气压/Pa（25℃）
CB-28	257.5	57.0	0.16	5.67	1.57	0.034
CB-52	292.0	87.0	0.0161	6.10	1.90	0.015
CB-101	326.4	77.0	0.01	6.37	1.70	0.0033
CB-118	326.4	77.0	0.099	6.60	1.58	0.0012
CB-138	360.9	79.0	0.0015	6.65	1.32	0.0005
CB-153	360.9	103.0	0.001	6.88	1.76	0.00067
CB-180	395.3	110.0	0.00031	7.20	1.59	0.00013

注：H 为亨利常数。

从环境行为的角度来讲，PCBs 又可以分为一次排放和二次排放两种方式，一次排放是其生产过程、使用过程、拆解过程及非故意产生排放所致。PCBs 经一次排放进入大气环境后，可在干、湿沉降及雨水淋洗的作用下而沉降至地表环境，同 PAHs 和重金属（heavy metals, HMs）等典型污染物一样，其可吸附在水体中的悬浮颗粒上，并在重力的作用下沉降至表层沉积物，进而导致沉积物成为这些污染物的"汇"。而当大气中的 PCBs 浓度小于水体的浓度时，为了维持 PCBs 在环境介质间的平衡，此时的环境行为就表现为 PCBs 从水体向大气排放，同时也会促使 PCBs 在沉积物-水界面间进行交换，以保持稳恒态，即沉积物或水体中 PCBs 的二次排放。因此，在 PCBs 的生产和使用期一次排放占主导地位，当 PCBs 停止生产和使用后，在没有其他排放源存在的情况下，二次排放则成为环境中 PCBs 的主要来源，也是二次分馏效应的主要驱动因素（Li et al., 2010）。我们之前的研究认为 PCBs 进入大气环境的来源主要分为三类：故意生产使用的 PCBs（intentionally produced PCBs, IP-PCBs）、非故意产生的 PCBs（unintentionally produced PCBs, UP-PCBs）以及电子垃圾拆解产生的多氯联苯（e-waste PCBs, EW-PCBs）排放（Cui et al., 2015, 2013; Breivik et al., 2014, 2011, 2002; Liu et al.,

2013)。PCBs 的三种排放源均可通过大气干、湿沉降或通过空气-水界面间的交换进入水生环境。此外，商业化产品中 PCBs 的排放或工业污水的直接排放可能是 PCBs 进入水生环境的另一个重要途径（Duan et al., 2013; Hong et al., 2005）。

目前，PCBs 的非故意生产已列入《关于持久性有机污染物的斯德哥尔摩公约》中，且根据《关于持久性有机污染物的斯德哥尔摩公约》第五条的要求，各缔约方必须采取相应措施控制和减少非故意产生 POPs 的排放（联合国环境规划署，2001）。自 1979 年以来，我国相继出台了一系列有关 PCBs 污染防控的相关法规，但我国有关非故意产生 PCBs 排放的研究相对较少，且缺乏系统的研究。杨淑伟等（2010）参照日本基于实测数据的排放因子（Yamamoto et al., 2011），并结合我国排放源的现状对中国非故意产生 PCBs 的排放总量进行了相应的研究，确定了非故意产生 PCBs 的主要排放行业，并估算了 2008 年中国非故意产生 PCBs 排放总量为 7.763 t，其中水泥行业约占排放总量的 91.27%。Cui 等（2013）建立了全球第一份中国国家尺度网格化 UP-PCBs 排放清单，并估算了 UP-PCBs 的排放量，成功解释了我国农村地区大气中 PCBs 的主要来源。随后，Cui 等（2015）又建立了全球第一份中国国家尺度网格化 PCBs 综合性排放清单，包括 IP-PCBs、UP-PCBs 和 EW-PCBs，同时根据 Liu 等（2013）实测的我国工业行业的 UP-PCBs 排放因子对之前的评估结果进行了校正，共评估了 1950～2010 年来自 8 个主要行业 UP-PCBs 的排放量为 8.56 t，同时 IP-PCBs 的排放成功解释了我国城市地区 PCBs 的主要来源。本书以松花江流域及工业区（如水泥生产）附近沉积物中 PCBs 的污染来源、污染特征及空间分布为主要研究内容，同时揭示相关政策法规的实施对环境中 PCBs 的削减效果，并构建了基于 PCBs 等污染物的逆向管理框架。

3. 新烟碱类农药

农药自问世以来，在农产品增收增产、病虫害控制及预防等方面发挥了极其重要的作用。20 世纪 80 年代，由德国拜耳公司开发生产的第一种新烟碱类杀虫剂（neonicotinoid insecticides, NNIs）——吡虫啉（imidacloprid, IMI），是目前全球市场占有率较高的杀虫剂之一。NNIs 是继传统杀虫剂（有机磷类、氨基甲酸酯类和拟除虫菊酯类）之后的第四大类杀虫剂（臧路，2019）。作为一类植物源杀虫剂，NNIs 因其高效、广谱、强选择性等特点，且与其他传统杀虫剂无交叉抗性等优势，在全球范围内得到迅速发展和广泛应用（Bass et al., 2015; Dai et al., 2010）。在中国，现阶段商品化的 NNIs 主要有 IMI、烯啶虫胺（nitenpyram, NTP）、啶虫脒（acetamiprid, ACE）、噻虫嗪（thiamethoxam, THM）、噻虫啉（thiacloprid, THA）、噻虫胺（clothianidin, CLO）、呋虫胺（dinotefuran, DIN）、氯噻啉（imidaclothiz, IMIT）等，相关理化性质见表 1-3。截至 2017 年底，中国登记的 NNIs 产品已达到 2600 多个（谭丽超等，2019），其中 IMI 约占登记产品总数的一半，其次是 ACE 和 THM。

表 1-3 常见新烟碱类杀虫剂理化性质

杀虫剂	分子式	分子量	熔点/℃	水溶性/(mg/L) (20℃, pH=7)	蒸气压/mPa (20℃)	土壤中 DT_{50}/d	水光解 DT_{50}/d	log K_{oc}	log K_{ow}	亨利常数/(Pa·m³/mol) (25℃)
吡虫啉	$C_9H_{10}ClN_5O_2$	255.66	144.0	610	4×10^{-7}	104～228	<1	2.19～2.90	0.57	1.7×10^{-10}
噻虫嗪	$C_8H_{10}ClN_5O_3S$	291.72	139.1	4100	6.6×10^{-6}	7～72	2.7～39.5	1.75	-0.13	4.7×10^{-10}
呋虫胺	$C_7H_{14}N_4O_3$	202.21	107.5	39830	1.7×10^{-3}	50～100	<2	1.41	-0.64	8.7×10^{-9}
啶虫脒	$C_{10}H_{11}ClN_4$	222.67	98.9	2950	1.73×10^{-4}	2～20	34	2.3	0.80	5.3×10^{-8}
噻虫啉	$C_{10}H_9ClN_4S$	252.72	136.0	184	3.0×10^{-7}	9～27	10～63	3.67	1.26	4.8×10^{-10}
噻虫胺	$C_6H_8ClN_5O_2S$	249.68	176.8	340	2.8×10^{-8}	13～1386	<1	2.08	0.70	2.9×10^{-11}
烯啶虫胺	$C_{11}H_{15}ClN_4O_2$	270.71	82.0	590000	1.1×10^{-3}	1～15	NA	1.78	-0.66	3.54×10^{-13}
氯噻啉	$C_7H_8ClN_5O_2S$	261.69	NA	NA	NA	3.1	NA	NA	NA	NA

注：数据来源农药性质数据库（http://sitem.herts.ac.uk/aeru/projects/ppdb/）以及美国国家生物技术信息中心（https://pubchem.ncbi.nlm.nih.gov）；NA 为未获取到相应数据。

不同种类 NNIs 之间理化性质也表现出一定的相似性，其主要可归纳为以下几点（Goulson, 2013; Tomizawa et al., 2003; Matsuda et al., 2001）：①高水溶性，在20℃的中性水溶液中，NNIs 溶解度范围在 184 mg/L 至 590000 mg/L 之间；②强选择性，NNIs 是一种能够选择性作用于昆虫神经系统突触后膜的烟碱乙酰胆碱受体及其周边神经的杀虫剂，其能够阻断昆虫中枢神经的传导，致使害虫出现兴奋、麻痹等现象直至死亡；③低挥发性，NNIs 的蒸气压在 2.8×10^{-8} mPa 至 1.1×10^{-3} mPa 之间，因此 NNIs 的挥发性较低；④系统性，NNIs 一旦被植物吸收后，便可运输到各植物组织中，从而保护作物不被食草害虫侵害。

NNIs 对昆虫具有明显的毒害作用，对哺乳动物、鸟类等高等生物毒性较低（Pietrzak et al., 2020）。然而，最近有关体内、体外和生态研究表明，NNIs 会对脊椎动物、无脊椎动物和哺乳动物产生不良影响（Cimino et al., 2017）。NNIs 在施药后，其环境行为主要包括吸附、解吸、降解、作物吸收、挥发和迁移等，仅有 1.6%~28.0% 的活性成分可被作物吸收或吸附，同时它们具有较低的挥发性和较高的水溶性，导致其在大气中含量较少，而土壤成为 NNIs 的重要储存场所，进而使其易于进入土壤水及地下水，并在水生态系统中进行迁移扩散（Anderson et al., 2015; Morrissey et al., 2015; Goulson, 2013）。例如，在澳大利亚河流中检测到高水平的 NNIs 残留浓度，IMI、THA 和 CLO 的最高浓度分别可达 4560 ng/L、1370 ng/L 和 420 ng/L（Sánchez-Bayo et al., 2014）。Morrissey 等（2015）通过对 1998 年至 2013 年间 9 个国家的 29 项研究结果进行相关分析，结果发现大多数采样点的地表水（水渠、河流、湿地、溪流）中都检测到了 NNIs，其中单个 NNI 的几何平均浓度为 130 ng/L，峰值的几何平均浓度为 630 ng/L。除地表水外，目前各国学者已在多种介质中检测到 NNIs，其中包括沉积物（Huang et al., 2020; Zhang et al., 2020; Bonmatin et al., 2019）、土壤（Zhang et al., 2020; Bonmatin et al., 2019）、大气颗粒物（Zhou et al., 2020; Forero et al., 2017）、灰尘（Wang et al., 2019; Salis et al., 2017）、尿液（Zhang et al., 2019; Osaka et al., 2016）、头发（Bonmatin et al., 2021）、牙齿（Zhang et al., 2021）和食物（Chen et al., 2020; Watanabe et al., 2015）。松花江流域作为我国重要的粮食生产基地，NNIs 在粮食增产增收以及作物虫害防治等方面发挥了重要作用，但受其理化性质的影响（如高水溶性），易通过地表径流等方式进入河流生态系统，导致水生生物死亡，进而造成食虫或水生生物的鸟类数量锐减等问题，并对水生食物链的完整性及生态环境安全造成不可逆转的破坏（程浩淼等，2020）。同时松花江作为沿岸农业生产的重要灌溉水源，水环境污染问题严重制约着农业绿色可持续发展，水环境质量的改善与保障国家粮食安全密切相关。因此，探究 NNIs 在流域水环境中的残留浓度水平、分配与环境归趋等迁移转化行为规律，对理解 NNIs 的污染现状与潜在生态风险，夯实黑龙江省当好维护国家粮食安全"压舱石"的战略定位具有重要的意义。

参 考 文 献

程浩淼, 成凌, 朱腾义, 等. 2020. 新烟碱类农药在土壤中环境行为的研究进展[J]. 中国环境科学, 40(2): 736-747.

崔嵩, 付强, 李天霄, 等. 2016. 松花江干流 PAHs 的底泥-水交换行为及时空异质性[J]. 环境科学研究, 29(4): 509-515.

邓红兵, 曹慧明, 沈园, 等. 2017. 松花江流域生态系统评估[M]. 北京: 科学出版社.

邓绶林. 1992. 地学辞典[M]. 石家庄: 河北教育出版社.

范博, 王晓南, 黄云, 等. 2019. 我国七大流域水体多环芳烃的分布特征及风险评价[J]. 环境科学, 40(5): 2101-2114.

哈尔滨市人民政府. 2020. 2019 年哈尔滨市国民经济和社会发展统计公报[EB/OL]. (2020-07-03) [2021-06-23]. http://www.harbin.gov.cn/art/2020/7/3/art_25924_958807.html.

河海大学《水利大辞典》编辑修订委员会. 2015. 水利大辞典[M]. 上海: 上海辞书出版社.

黑龙江省地方志编纂委员会. 1998. 黑龙江省志[M]. 哈尔滨: 黑龙江人民出版社.

黑龙江省统计局. 2020. 黑龙江统计年鉴[M]. 北京: 中国统计出版社.

黑龙江省统计局. 2021. 2020 年黑龙江省第七次全国人口普查主要数据公报[EB/OL]. (2021-05-27) [2021-09-05]. http://tjj.hlj.gov.cn/tjsj/tjgb/pcgb/202105/t20210527_87737.html.

洪亚军, 冯承莲, 徐祖信, 等. 2019. 重金属对水生生物的毒性效应机制研究进展[J]. 环境工程, 37(11): 1-9.

《环境科学大辞典》编辑委员会. 1991. 环境科学大辞典[M]. 北京: 中国环境科学出版社.

吉林省统计局. 2020. 吉林统计年鉴[M]. 北京: 中国统计出版社.

吉林省统计局. 2021. 吉林省第七次全国人口普查公报（第二号）[EB/OL]. (2021-05-24) [2021-09-05]. http://tjj.jl.gov.cn/tjsj/qwfb/202105/t20210524_8079098.html.

李健, 郑春江. 1989. 环境背景值数据手册[M]. 北京: 中国环境科学出版社.

李静. 2019. 热对流主导型水库溶解氧时空分布特征及其机理研究[D]. 青岛: 青岛大学.

李泽文. 2019. 松花江表层沉积物重金属含量、形态及生态风险评价研究[D]. 兰州: 兰州理工大学.

李泽文, 王海燕, 孔秀琴, 等. 2020. 松花江表层沉积物中16种多环芳烃空间分布特征及生态风险评价[J]. 环境科学研究, 33(1): 163-173.

联合国环境规划署. 2001. 关于持久性有机污染物的斯德哥尔摩公约[Z]. 斯德哥尔摩: 联合国环境规划署.

梁康甫. 2016. 水质总氮总磷在线监测装置的性能优化研究[D]. 无锡: 江南大学.

辽宁省统计局. 2020. 辽宁统计年鉴[M]. 北京: 中国统计出版社.

辽宁省统计局. 2021. 辽宁省第七次全国人口普查公报[1]（第二号）[EB/OL]. (2021-05-30) [2021-09-05]. https://tjj.ln.gov.cn/tjj/tjxx/tjgb/rkpcgb/4ABD4664458747479993A92DE2521140/.

刘林馨. 2012. 小兴安岭森林生态系统植物多样性及生态服务功能价值研究[D]. 哈尔滨: 东北林业大学.

刘蔚华, 陈远. 1991. 方法大辞典[M]. 济南: 山东人民出版社.

陆彦彬. 2006. 生化需氧量不同测试方法的探讨[C]//中国环境科学学会2006年学术年会优秀论文集（中卷）: 1117-1119.

马万里. 2010. 我国土壤和大气中多环芳烃分布特征和大尺度数值模拟[D]. 哈尔滨: 哈尔滨工业大学.

齐文彪, 丁曼, 于得万. 2018. 头、二道松花江冰厚特征及其影响因素分析[J]. 水利规划与设计(9): 5-10, 36.

佘中盛, 王晓君, 刘玉青. 1992. 松花江水系沉积物中重金属元素背景值[C]//中国科学院长春分院. 区域环境研究文集. 北京: 科学出版社.

沈园, 谭立波, 单鹏, 等. 2016. 松花江流域沿江重点监控企业水环境潜在污染风险分析[J]. 生态学报, 36(9): 2732-2739.

水利部松辽水利委员会. 2015. 《松花江流域综合规划(2012—2030)》概要[EB/OL]. (2015-07-23) [2021-06-23]. http://www.slwr.gov.cn/ghjh/37587.jhtml.

谭丽超, 程燕, 卜元卿, 等. 2019. 新烟碱类农药在我国的登记现状及对蜜蜂的初级风险评估[J]. 生态毒理学报, 14(6): 292-303.

汤鸿霄. 1979. 重金属的环境水污染化学[J]. 环境科学研究, Z1: 212-222.

王翔朴, 王营通, 李珏声. 2000. 卫生学大辞典[M]. 青岛: 青岛出版社.

王中荣. 2016. 总磷总氮测定仪的研制与优化[D]. 石家庄: 河北科技大学.

吴义国, 方冰芯, 李玉成, 等. 2017. 杭埠-丰乐河表层沉积物中多环芳烃的污染特征、来源分析及生态风险评价[J]. 环境化学, 36(6): 420-429.

杨淑伟, 黄俊, 余刚. 2010. 中国主要排放源的非故意产生六氯苯和多氯联苯大气排放清单探讨[J]. 环境污染与防治, 32(7): 82-86.

杨越. 2013. 反渗透技术在包钢污水深度处理应用的前景[C]//2013 年全国冶金节水与废水利用技术研讨会文集: 178-181.

余刚, 黄俊, 涨彭义. 2001. 持久性有机污染物: 倍受关注的全球性环境问题[J]. 环境保护, 4: 37-39.

臧路. 2019. 我国主要流域新烟碱类农药时空分布、来源及生态风险[D]. 杭州: 浙江工业大学.

张凤英, 阎百兴, 朱立禄. 2010. 松花江沉积物重金属形态赋存特征研究[J]. 农业环境科学学报, 29(1): 163-167.

张延成. 2020. 基于遥感的黑龙江省松嫩平原黑土耕地辨识与水土流失评价[D]. 哈尔滨: 东北林业大学.

张永. 2017. 基于紫外-可见光谱法水质 COD 检测方法与建模研究[D]. 合肥: 中国科学技术大学.

张运林. 2015. 气候变暖对湖泊热力及溶解氧分层影响研究进展[J]. 水科学进展, 26(1): 130-139.

赵海卿, 苑利波, 张哲寰, 等. 2009. 松辽分水岭的水文地质特征及其对生态环境的影响[J]. 地质与资源, 18(1): 47-52.

中国科学院. 2016. 中国学科发展战略：环境科学[M]. 北京: 科学出版社.

中国科学院计算机网络信息中心. 2021. 地理空间数据云[EB/OL]. [2021-06-23]. http://www.gscloud.cn/.

周军, 马彪, 高凤杰, 等. 2016. 河流重金属生态风险评估与预警[M]. 北京: 化学工业出版社.

ANDERSON J C, DUBETZ C, PALACE V P. 2015. Neonicotinoids in the Canadian aquatic environment: a literature review on current use products with a focus on fate, exposure, and biological effects[J]. Science of the Total Environment, 505: 409-422.

BARHOUMI B, LEMENACH K, DÉVIER M H, et al. 2014. Distribution and ecological risk of polychlorinated biphenyls (PCBs) and organochlorine pesticides (OCPs) in surface sediments from the Bizerte lagoon, Tunisia[J]. Environmental Science and Pollution Research, 21(10): 6290-6302.

BASS C, DENHOLM I, WILLIAMSON M S, et al. 2015. The global status of insect resistance to neonicotinoid insecticides[J]. Pesticide Biochemistry and Physiology, 121: 78-87.

BONMATIN J M, MITCHELL E A D, GLAUSER G, et al. 2021. Residues of neonicotinoids in soil, water and people's hair: a case study from three agricultural regions of the Philippines[J]. Science of the Total Environment, 757: 143822.

BONMATIN J M, NOOME D A, MORENO H, et al. 2019. A survey and risk assessment of neonicotinoids in water, soil and sediments of Belize[J]. Environmental Pollution, 249: 949-958.

BREIVIK K, ARMITAGE J M, WANIA F, et al. 2014. Tracking the global generation and exports of e-waste. Do existing estimates add up[J]. Environmental Science and Technology, 48(15): 8735-8743.

BREIVIK K, GIOIA R, CHAKRABORTY P, et al. 2011. Are reductions in industrial organic contaminants emissions in rich countries achieved partly by export of toxic wastes[J]. Environmental Science and Technology, 45(21): 9154-9160.

BREIVIK K, SWEETMAN A, PACYNA J M, et al. 2002. Towards a global historical emission inventory for selected PCB congeners—a mass balance approach: 2. Emissions[J]. Science of the Total Environment, 290(1-3): 199-224.

BZDUSEK P A, CHRISTENSEN E R, LI A, et al. 2004. Source apportionment of sediment PAHs in Lake Calumet, Chicago: application of factor analysis with nonnegative constraints[J]. Environmental Science and Technology, 38(1): 97-103.

CHAU K W. 2005. Characterization of transboundary POP contamination in aquatic ecosystems of Pearl River Delta[J]. Marine Pollution Bulletin, 51(8-12): 960-965.

CHEN D W, ZHANG Y P, LV B, et al. 2020. Dietary exposure to neonicotinoid insecticides and health risks in the Chinese general population through two consecutive total diet studies[J]. Environment International, 135: 105399.

CHEN Y, JIANG Y M, HUANG H Y, et al. 2018. Long-term and high-concentration heavy-metal contamination strongly influences the microbiome and functional genes in Yellow River sediments[J]. Science of the Total Environment, 637: 1400-1412.

CIMINO A M, BOYLES A L, THAYER K A, et al. 2017. Effects of neonicotinoid pesticide exposure on human health: a systematic review[J]. Environmental Health Perspectives, 125(2): 155-162.

CUI S, FU Q, MA W L, et al. 2015. A preliminary compilation and evaluation of a comprehensive emission inventory for polychlorinated biphenyls in China[J]. Science of the Total Environment, 533: 247-255.

CUI S, LI K Y, FU Q, et al. 2018. Levels, spatial variations, and possible sources of polycyclic aromatic hydrocarbons in sediment from Songhua River, China[J]. Arabian Journal of Geosciences, 11(16): 445.

CUI S, QI H, LIU L Y, et al. 2013. Emission of unintentionally produced polychlorinated biphenyls (UP-PCBs) in China: has this become the major source of PCBs in Chinese air[J]. Atmospheric Environment, 67: 73-79.

DAI Y J, JI W W, CHEN T, et al. 2010. Metabolism of the neonicotinoid insecticides acetamiprid and thiacloprid by the yeast *Rhodotorula mucilaginosa* strain IM-2[J]. Journal of Agricultural and Food Chemistry, 58(4): 2419-2425.

DIMASHKI M, LIM L H, HARRISON R M, et al. 2001. Temporal trends, temperature dependence, and relative reactivity of atmospheric polycyclic aromatic hydrocarbons[J]. Environmental Science and Technology, 35(11): 2264-2267.

DUAN X Y, LI Y X, LI X G, et al. 2013. Distributions and sources of polychlorinated biphenyls in the coastal East China Sea sediments[J]. Science of the Total Environment, 463: 894-903.

FORERO L G, LIMAY-RIOS V, XUE Y, et al. 2017. Concentration and movement of neonicotinoids as particulate matter downwind during agricultural practices using air samplers in southwestern Ontario, Canada[J]. Chemosphere, 188: 130-138.

GOULSON D. 2013. An overview of the environmental risks posed by neonicotinoid insecticides[J]. Journal of Applied Ecology, 50(4): 977-987.

HONG S H, YIM U H, SHIM W J, et al. 2005. Congener-specific survey for polychlorinated biphenyls in sediments of industrialized bays in Korea: regional characteristics and pollution sources[J]. Environmental Science and Technology, 39(19): 7380-7388.

HUANG Z B, LI H Z, WEI Y L, et al. 2020. Distribution and ecological risk of neonicotinoid insecticides in sediment in South China: impact of regional characteristics and chemical properties[J]. Science of the Total Environment, 714: 136878.

IARC. 2010. Some non-heterocyclic polycyclic aromatic hydrocarbons and some related exposures[R]. IARC monographs on the evaluation of carcinogenic risks to humans, 92: 1-853.

LARSEN R K, BAKER J E. 2003. Source apportionment of polycyclic aromatic hydrocarbons in the urban atmosphere: a comparison of three methods[J]. Environmental Science and Technology, 37(9): 1873-1881.

LI F, GUO S, WU B, et al. 2010. Distribution and health risk assessment of polycyclic aromatic hydrocarbons (PAHs) in industrial site soils: a case study in Benxi, China[C]. International Conference on Bioinformatics and Biomedical Engineering, IEEE.

LI J Q, CEN D Z, HUANG D L, et al. 2014. Detection and analysis of 12 heavy metals in blood and hair sample from a general population of Pearl River delta area[J]. Cell Biochemistry and Biophysics, 70(3): 1663-1669.

LI K Y, CUI S, ZHANG F X, et al. 2020. Concentrations, possible sources and health risk of heavy metals in multi-media environment of the Songhua River, China[J]. International Journal of Environmental Research and Public Health, 17(5): 1766.

LI Y F, HARNER T, LIU L Y, et al. 2010. Polychlorinated biphenyls in global air and surface soil: distributions, air-soil exchange, and fractionation effect[J]. Environmental Science and Technology, 44(8): 2784-2790.

LI Z G, FENG X B, LI G H, et al. 2013. Distributions, sources and pollution status of 17 trace metal/metalloids in the street dust of a heavily industrialized city of central China[J]. Environmental Pollution, 182: 408-416.

LIU G R, ZHENG M H, CAI M W, et al. 2013. Atmospheric emission of polychlorinated biphenyls from multiple industrial thermal processes[J]. Chemosphere, 90(9): 2453-2460.

LIU H X, ZHOU Q F, WANG Y W, et al. 2008. E-waste recycling induced polybrominated diphenyl ethers, polychlorinated biphenyls, polychlorinated dibenzo-p-dioxins and dibenzo-furans pollution in the ambient environment[J]. Environmental International, 34(1): 67-72.

LU C D, SUN X C, ZHANG L S, et al. 2018. PAHs exposure and occupational health risk assessment of workers in coal tar pitch factory[J]. China Medical Abstracts (Internal Medicine), 36(1): 38-41.

MATSUDA K, BUCKINGHAM S D, KLEIER D, et al. 2001. Neonicotinoids: insecticides acting on insect nicotinic acetylcholine receptors[J]. Trends in Pharmacological Sciences, 22(11): 573-580.

MINH N D, HOUGH, R L, THUY L T, et al. 2012. Assessing dietary exposure to cadmium in a metal recycling community in Vietnam: age and gender aspects[J]. Science of the Total Environment, 416: 164-171.

MORRISSEY C A, MINEAU P, DEVRIES J H, et al. 2015. Neonicotinoid contamination of global surface waters and associated risk to aquatic invertebrates: a review[J]. Environment International, 74: 291-303.

NOAA. 2021. NOAA-National centers for environmental information[EB/OL]. (2021-04-02) [2021-06-23]. https://www.ncei.noaa.gov/.

OSAKA A, UEYAMA J, KONDO T, et al. 2016. Exposure characterization of three major insecticide lines in urine of young children in Japan-neonicotinoids, organophosphates, and pyrethroids[J]. Environmental Research, 147: 89-96.

PAUL D. 2017. Research on heavy metal pollution of river Ganga: a review[J]. Annals of Agrarian Science, 15(2): 278-286.

PIETRZAK D, KANIA J, KMIECIK E, et al. 2020. Fate of selected neonicotinoid insecticides in soil-water systems: current state of the art and knowledge gaps[J]. Chemosphere, 255: 126981.

REN N Q, QUE M X, LI Y F, et al. 2007. Polychlorinated biphenyls in Chinese surface soils[J]. Environmental Science and Technology, 41(11): 3871-3876.

SALIS S, TESTA C, RONCADA P, et al. 2017. Occurrence of imidacloprid, carbendazim, and other biocides in Italian house dust: potential relevance for intakes in children and pets[J]. Journal of Environmental Science and Health, Part B, 52(9): 699-709.

SÁNCHEZ-BAYO F, HYNE R V. 2014. Detection and analysis of neonicotinoids in river waters—development of a passive sampler for three commonly used insecticides[J]. Chemosphere, 99: 143-151.

SIMCIK M F, EISENREICH S J, LIOY P J. 1999. Source apportionment and source/sink relationships of PAHs in the coastal atmosphere of Chicago and Lake Michigan[J]. Atmospheric Environment, 33(30): 5071-5079.

TIAN Y Z, LI W H, SHI G L, et al. 2013. Relationships between PAHs and PCBs, and quantitative source apportionment of PAHs toxicity in sediments from Fenhe reservoir and watershed[J]. Journal of Hazardous Materials, 248: 89-96.

TOMIZAWA M, CASIDA J E. 2003. Selective toxicity of neonicotinoids attributable to specificity of insect and mammalian nicotinic receptors[J]. Annual Review of Entomology, 48(1): 339-364.

TSAI P J, SHIH T S, CHEN H L, et al. 2004. Assessing and predicting the exposures of polycyclic aromatic hydrocarbons (PAHs) and their carcinogenic potencies from vehicle engine exhausts to highway toll station workers[J]. Atmospheric Environment, 38(2): 333-343.

US ENVIRONMENTAL PROTECTION AGENCY (US EPA). 1999. Integrated Risk Information System (IRIS)[S]. National Center for Environmental Assessment, Office of Research and Development, Washington DC, USA.

WANG A Z, MAHAI G, WAN Y J, et al. 2019. Neonicotinoids and carbendazim in indoor dust from three cities in China: spatial and temporal variations[J]. Science of the Total Environment, 695: 133790.

WANG J, ZHANG X F, Ling W T, et al. 2017. Contamination and health risk assessment of PAHs in soils and crops in industrial areas of the Yangtze River Delta region, China[J]. Chemosphere, 168: 976-987.

WANG X B, Qin Y Y, Qin J J, et al. 2021. Spectroscopic insight into the pH-dependent interactions between atmospheric heavy metals (Cu and Zn) and water-soluble organic compounds in PM2.5[J]. Science of The Total Environment. 767: 145261.

WANIA F, MACKAY D. 1996. Tracking the distribution of persistent organic pollutants[J]. Environmental Science and Technology, 30(9): 390-396.

WANIA F, MACKAY D. 1993. Global fractionation and cold condensation of low volatility organochlorine compounds in polar regions[J]. Ambio, 22(1): 10-18.

WATANABE E, KOBARA Y, BABA K, et al. 2015. Determination of seven neonicotinoid insecticides in cucumber and eggplant by water-based extraction and high-performance liquid chromatography[J]. Analytical Letters, 48(2): 213-220.

WU B, ZHANG Y, ZHANG X X, et al. 2012. Health risk assessment of polycyclic aromatic hydrocarbons in the source water and drinking water of China: quantitative analysis based on published monitoring data[J]. Science of the Total Environment, 410: 112-118.

XIAO J, WANG L Q, DENG L, et al. 2019. Characteristics, sources, water quality and health risk assessment of trace elements in river water and well water in the Chinese Loess Plateau[J]. Science of the Total Environment, 650: 2004-2012.

XING Y, LU Y L, DAWSON R W, et al. 2005. A spatial temporal assessment of pollution from PCBs in China[J]. Chemosphere, 60(6): 731-739.

YAMAMOTO M, KOKEGUCHI K, YAMAMOTO G, et al. 2011. Air emission factors and emission inventory of HCB, PCB and Pentachlorobenzene[J]. Organohalogen Compounds, 73: 388-391.

ZHANG C, YI X H, CHEN C, et al. 2020. Contamination of neonicotinoid insecticides in soil-water-sediment systems of the urban and rural areas in a rapidly developing region: Guangzhou, South China[J]. Environment International, 139: 105719.

ZHANG G H, BAI J H, XIAO R, et al. 2017. Heavy metal fractions and ecological risk assessment in sediments from urban, rural and reclamation-affected rivers of the Pearl River Estuary, China[J]. Chemosphere, 184: 278-288.

ZHANG N, WANG B T, ZHANG Z P, et al. 2021. Occurrence of neonicotinoid insecticides and their metabolites in tooth samples collected from South China: associations with periodontitis[J]. Chemosphere, 264(Part 1): 128498.

ZHANG T, SONG S M, BAI X Y, et al. 2019. A nationwide survey of urinary concentrations of neonicotinoid insecticides in China[J]. Environment International, 132: 105114.

ZHOU Y, GUO J Y, WANG Z K, et al. 2020. Levels and inhalation health risk of neonicotinoid insecticides in fine particulate matter (PM2.5) in urban and rural areas of China[J]. Environment International, 142: 105822.

第 2 章 污染物分析处理与研究方法

2.1 样品预处理

样品预处理是指有效消除样品中的杂质和其他干扰因素，完整保留待测成分，并对待测成分进行浓缩富集，以获得真实可靠的实验结果。通过样品预处理可将待测成分分离提纯，并制成易于检测的样品形式，可提升样品中待测成分检测效率和检测结果的准确性。因此，针对特定环境介质中不同目标分析物采取恰当合理的预处理方法对实验结果的准确性显得尤为重要。

2.1.1 常规水质指标检测方法

水体样品常规水质指标的检测参考以下标准进行：溶解氧（DO）指标采用《水质 溶解氧的测定 碘量法》（GB 7489—1987）（中华人民共和国国家环境保护局，1987）进行检测；化学需氧量（COD）指标采用《水质 化学需氧量的测定 重铬酸盐法》（HJ 828—2017）（中华人民共和国环境保护部，2017）进行测定；五日生化需氧量（BOD_5）指标采用《水质 五日生化需氧量（BOD_5）的测定 稀释与接种法》（HJ 505—2009）（中华人民共和国环境保护部，2009）进行检测；总氮（TN）指标采用《水质 总氮的测定 碱性过硫酸钾消解紫外分光光度法》（HJ 636—2012）（中华人民共和国环境保护部，2012）进行检测；总磷（TP）指标按照《水质 总磷的测定 钼酸铵分光光度法》（GB 11893—1989）（中华人民共和国国家环境保护局，1989）进行检测。

2.1.2 重金属检测方法

样品的处理和分析过程参照《土壤环境质量 农用地土壤污染风险管控标准（试行）》（GB 15618—2018）（中华人民共和国生态环境部，2018）和《水和废水监测分析方法（第四版）》（王心芳等，2002）等，并稍做改进。其基本原理为：采用盐酸-硝酸-氢氟酸-高氯酸的湿法消解，将土壤的矿物晶格彻底破坏，使样品中的待测物质全部溶解于消解液中。具体步骤如下：土壤和沉积物样品经自然风干后，手动剔除样品中的动植物残体、砾石等异物，用木棒将样品初步碾碎，通过 2 mm 尼龙筛以去除砂砾，后用玛瑙研钵将筛下样品研磨至粒径小于 100 目。称取研磨后的样品 0.2～0.5 g（精确至 0.0002 g）于聚四氟乙烯消解罐中，用少量超纯水润湿后加入 10.0 mL 盐酸摇匀加盖过夜，以初步消解样品中的有机物，防止后续反应过于剧烈。以 120℃加热使样品初步分解，直至消解罐中液体量剩余 3.0 mL 左右，再加入 5.0 mL 硝酸 180℃消解 10～20 min 后加入 5.0 mL 氢氟酸和 3.0 mL 高氯酸，继续升温至 200℃直至消解罐内壁黑色有机碳化物消失，开盖驱赶高氯酸白烟，并蒸至内容物呈淡黄色黏稠液体且无明显固体颗粒物残留（各种试剂用量可根据消解效果酌情增减）。消解罐内液体冷却后加入 1.0 mL 硝酸复溶，再用 2%的硝酸溶液（用超纯水配置）定容至 50.0 mL，冷藏保存待测。

水体样品准确量取 500.0 mL 于烧杯中，加入 10.0 mL 硝酸，后置于电热板上加热（保证样品不沸腾），蒸发浓缩至 50.0 mL。将上述处理后的样品转移至聚四氟乙烯消解罐中继续消解，处理方法同土壤和沉积物。

预处理后的样品使用原子吸收分光光度计（Thermo Fisher Scientific, ICE 3500）测定重金属浓度，Cu、Cr、Zn 和 Ni 的浓度采用火焰原子吸收分光光度法进行测定，Cd 和 Pb 的浓度采用石墨炉原子吸收分光光度法进行测定。

2.1.3 有机污染物预处理方法

有机污染物样品检测前处理工作主要包含三个步骤：萃取、浓缩和净化。因本书主要关注沉积物中的多环芳烃（PAHs）和多氯联苯（PCBs），以及水体和沉积物中的新烟碱类杀虫剂，故对相应的预处理方法分别进行表述。沉积物样品内通常含有水分，因此沉积物样品处理时需要相应操作以除去多余水分。在本书中，样品中的 PAHs 和 PCBs 采用索氏提取法进行萃取，同时采用硅胶层析柱对样品进行净化；新烟碱类杀虫剂（NNIs）水体样品采用固相萃取程序，沉积物样品采用分散固相萃取进行。样品预处理前，所有沉积物样品均使用冷冻干燥机进行低温干燥处理，后用不锈钢棒滚压碾碎，并通过 2 mm 尼龙筛以去除样品中的砾石和植物根系等杂质，后用玛瑙研钵将筛下样品研磨至粒径小于 100 目。

1. 多环芳烃

本书中样品的预处理与分析过程均经过国际持久性有毒物质联合研究中心（International Joint Research Center for Persistent Toxic Substances, IJRC-PTS）优化。首先，准确称取 10.0 g 待测沉积物样品、5.0 g 无水硫酸钠和 2.0 g 铜粉（精确至 0.01 g），装入预先处理过的滤纸袋中；然后，用经有机溶剂清洗过的镊子将装好样品的滤纸袋放入索氏提取器中，并加入替代物标准溶液；最后，用 100 mL 丙酮/正己烷混合溶液（1/1，V/V）水浴回流萃取 24 h。萃取结束后，用无水硫酸钠除去萃取液中的水分，并于旋转蒸发仪上浓缩至 1.0~2.0 mL，备用。

在层析柱中，首先装入 2.0 cm 左右的无水硫酸钠，随后加入 5.5 g 硅胶，并轻轻敲打至硅胶界面不再下降为止，再次装入 2.0 cm 左右的无水硫酸钠（保证柱内各个界面保持水平）。然后，将装好的硅胶层析柱用约 30.0 mL 的二氯甲烷和约 30.0 mL 的正己烷依次润洗一遍。润洗后，正己烷液面应与层析柱顶部无水硫酸钠上表面相切，操作过程避免层析柱内填料接触空气。将旋转蒸发仪上浓缩后的样品全部转移至硅胶净化柱内，操作过程中用正己烷溶液润洗圆底烧瓶多次，并将润洗液转移至净化柱内，用 50.0 mL 正己烷/二氯甲烷（1/1，V/V）淋洗净化柱，最后将收集的淋洗液旋转蒸发至 1.0 mL 左右，备用。

将旋蒸后的溶液全部移入氮吹瓶中，并用高纯氮气吹干大部分溶剂，加入内标物混匀，然后用异辛烷定容至 1.0 mL，转移至色谱瓶中，于-20℃低温保存，待上机检测。

2. 多氯联苯

准确称取 10.0 g 待测沉积物样品（精确至 0.01g）于预先处理过的滤纸袋中。用经溶剂清洗过的镊子将滤纸袋放入索氏提取器中，并加入替代物标准溶液。将 100.0 mL 正己烷/丙酮（1/1，V/V）混合液加至 250.0 mL 平底烧瓶中，水浴回流萃取 24 h。萃取液在装有适量无水硫酸钠的漏斗中过滤，随后将过滤液于旋转蒸发仪上浓缩至 1.0～2.0 mL，后续净化、氮吹等步骤同多环芳烃。

3. 新烟碱类杀虫剂

水体中新烟碱类杀虫剂采用固相萃取方法进行预处理（Mahai et al., 2019），具体操作过程如下：首先将 1.0 L 水样经 0.45 μm 的玻璃纤维滤膜过滤后，加入 50.0 ng 混合内标物。用 5.0 mL 甲醇和 5.0 mL 超纯水活化 Waters Oasis-亲水亲脂平衡（hydrophile lipophile balance, HLB）固相萃取柱（500 mg, 6 mL），后将水样通过 HLB 柱进行富集，控制水样进样速度约为 5 mL/min，富集结束后用 5.0 mL 超纯水和 5.0 mL 甲醇将目标物洗脱。洗脱液于35℃的缓和高纯氮气流下吹至近干，并用 25%乙腈水（25/75，V/V）溶液重新溶解并定容至 1.0 mL，经 0.22 μm 针式滤膜过滤器过滤后转移至色谱瓶中待上机分析。

沉积物样品采用分散固相萃取程序进行预处理（Zhou et al., 2020; Dankyi et al., 2014）。沉积物样品于冷冻干燥机中冷冻干燥 48 h，准确称取 5.0 g 冻干后的样品于 50 mL 聚四氟乙烯离心管中，并加入 50 ng 混合内标物，黑暗下静置 45 min。随后，向其中加入 5.0 mL 超纯水和 10.0 mL 乙腈，剧烈振荡 1 min，涡旋 1 min。再向离心管中加入 4.0 g $MgSO_4$、1.0 g NaCl，混匀后涡旋 1 min，并以 5000 r/min 转速离心 5 min。将 6.0 mL 上清液移至洁净离心管中，加入 200.0 mg 乙二胺-N-丙基硅烷（primary secondary amine, PSA），振荡后涡旋 2 min，再次离心。取离心后上清液 5.0 mL，于 35℃缓和氮气流下吹至近干，用 25%乙腈水（25/75，V/V）溶液重新溶解并定容至 1.0 mL，经 0.22 μm 针式滤膜过滤器过滤后转移至色谱瓶中待上机分析。

2.2　质量保证与质量控制

质量保证与质量控制（quality assurance and quality control, QA/QC）是环境污染物分析的重要组成部分，是贯穿环境监测全过程的有效管理技术手段和程序，直接影响监测结果的准确性和可靠性。本书样品的采集、运输、保存、前处理、仪器分析以及采样工具和实验容器的清洗等过程均严格按照 QA/QC 标准要求进行操作，以保证获取具有代表性、准确性和真实性的实验数据。

在重金属浓度检测过程中，实验所用玻璃容器及聚乙烯器皿均以 2 mol/L 的硝酸溶液充分浸泡 24 h 以上，并用超纯水清洗干净。实验用水均为超纯水，所用试剂均为优级纯。样品预处理过程中，每消解 5 个样品进行 1 组平行样品、加标样品和实验室空白样品的制作，并执行相同的程序消解和分析。水系沉积物成分分析标准物质（GBW07305）购自中国计量科学研究院，加标回收率为 91%～118%，平行样品间的偏差低于 5%。仪器分析过程中保证 6 种重金属校正曲线的相关系数均大于 0.995。

在 PCBs 和 PAHs 浓度检测过程中，所用有机试剂（正己烷、二氯甲烷、丙酮、异辛烷）均为农残级；无水硫酸钠（分析纯），含量≥ 99%，使用前于马弗炉中 600℃烘烧 5～6 h；所有容器均使用洗涤剂超声清洗并用超纯水冲洗干净，于烘箱中 105℃烘 6 h，样品预处理时再用丙酮和正己烷分别冲洗。分析过程中采用空白样品（溶剂空白与场地空白）和加标样品的检测来检验实验试剂与样品运输、保存及处理过程是否被污染。其中，PAHs 检测限为 0.01～0.37 ng/g，加标回收率为 86%～125%，空白样品中 PAHs 的浓度均低于检测限；PCBs 检测限为 0.003～0.032 ng/g，加标回收率为 75%～118%，所有空白样品中目标 PCB 同系物浓度极低。

新烟碱类杀虫剂检测过程中采用方法空白、基质加标、空白加标和样品平行样等措施进行质量控制和质量保证，在检测过程中每 5 个样品执行上述程序一次。其中，方法空白用于检验实验过程中是否存在人为或环境因素造成的污染，空白加标用于控制实验过程的准确性，基质加标用于检测基质对待测目标物的影响。同时，在提取之前将 3 种同位素内标物（吡虫啉-d_4、噻虫嗪-d_3 和噻虫胺-d_3）应用于所有样品，对样品制备过程进行监测。8 种目标新烟碱类杀虫剂在水体中的回收率范围为 86.3%～108.9%，在土壤和沉积物中为 79.8%～106.5%。在空白样品中均未检测到 8 种待测新烟碱类杀虫剂。

2.3 污染评价方法

2.3.1 重金属污染指数法

重金属污染指数（heavy metal pollution index, HPI）可对水体中重金属产生的污染进行综合评估（Mohan et al., 1996），其可由式（2-1）和式（2-2）计算得出：

$$\text{HPI} = \frac{\sum(Q_i W_i)}{\sum W_i} \tag{2-1}$$

$$Q_i = \frac{C_{\text{w-}i}}{S_i} \times 100; \quad W_i = \frac{k}{S_i} \tag{2-2}$$

式中，Q_i 是第 i 种重金属的质量等级指数；W_i 是第 i 种重金属的单位权重；$C_{\text{w-}i}$ 是水体中第 i 种重金属的浓度；S_i 是水体中第 i 种重金属浓度的最高允许值，本书选择《生活饮用水卫生标准》(GB 5749—2006)（中华人民共和国卫生部，2006）中的标准限值作为相应的最高允许值；k 是比例常数，通常取值为 1 (Qu et al., 2018)。饮用水的允许 HPI 值通常为 100 (Mohan et al., 1996)，但为了进一步衡量水质污染状况，Edet 等（2002）根据 HPI 将水质污染状况划分为 3 个等级，见表 2-1。

表 2-1　饮用水重金属污染等级的分类标准

HPI	污染等级
HPI < 15	低
15 ≤ HPI < 30	中等
30 ≤ HPI < 100	高

2.3.2　Nemerow 综合污染指数法

Nemerow 综合污染指数（P_N）法在单因子污染指数（P_i）的基础上，兼顾考虑了单因子污染指数的平均水平和最大污染因子对重金属综合污染等级的影响，是环境污染等级评估的经典方法 (Memoli et al., 2019; Shaheen et al., 2019; Nemerow, 1974)。P_N 计算公式如式（2-3）~式（2-5）：

$$P_N = \sqrt{\frac{P_{i\max}^2 + P_{i\text{ave}}^2}{2}} \tag{2-3}$$

$$P_i = \frac{C_{s\text{-}i}}{S_i} \qquad (2\text{-}4)$$

$$P_{i\text{ave}} = \frac{1}{n}\sum P_i \qquad (2\text{-}5)$$

式中，P_i 为第 i 种重金属的单因子污染指数；$P_{i\text{ave}}$ 为所有重金属单因子污染指数的平均值；$P_{i\max}$ 为所有重金属单因子污染指数中的最大值；$C_{s\text{-}i}$ 为土壤或沉积物中第 i 种重金属的浓度；S_i 为不同重金属的参考标准值。本书以黑龙江省土壤环境背景值作为参考标准值（中国环境监测总站，1990）。土壤/沉积物重金属污染等级分类标准见表 2-2。

表 2-2 土壤/沉积物重金属污染等级分类标准

P_i	P_N	污染等级
$P_i \leqslant 1$	$P_N \leqslant 1$	无污染
$1 < P_i \leqslant 2$	$1 < P_N \leqslant 2.5$	低污染
$2 < P_i \leqslant 3$	$2.5 < P_N \leqslant 7$	中等污染
$P_i > 3$	$P_N > 7$	高污染

2.3.3 潜在生态风险指数法

潜在生态风险指数（potential ecological risk index, RI）法由 Hakanson（1980）提出，该方法综合考虑了污染物的生物毒性以及污染物浓度与背景值的差异程度，已被广泛应用于反映水生生态系统中有机污染物和重金属污染的潜在生态风险水平。RI 的计算公式如下：

$$\text{RI} = \sum_{i=1}^{n} E_i = \sum_{i=1}^{n} T_i \times P_i \qquad (2\text{-}6)$$

式中，E_i 为第 i 种重金属或多氯联苯的单一生态风险指数；T_i 为第 i 种重金属或多氯联苯的毒性系数（Cu=5、Pb=5、Ni=5、Zn=1、Cr=2、Cd=30、PCB=40）（Islam et al., 2015; Hakanson, 1980); P_i 为第 i 种重金属或多氯联苯的单因子污染指数。由于 RI 的分级标准是基于 8 种污染物（Cd、Pb、Cu、Cr、Zn、As、Hg 和 PCB）的综合污染状况提出的，而所研究污染物的毒性和数量会直接影响到 RI 值的大小，因此，鉴于本书研究的物质有所不同，我们根据 Chen 等（2018）的方法对 RI 的分级标准进行了调整，如表 2-3 所示。

表 2-3 重金属污染潜在生态风险指数分级标准

E_i		RI		风险等级
Hakanson	本书（重金属）	Hakanson	本书（重金属）	
$E_i \leqslant 40$	$E_i \leqslant 30$	RI $\leqslant$ 150	RI $\leqslant$ 55	低风险
$40 < E_i \leqslant 80$	$30 < E_i \leqslant 60$	$150 <$ RI $\leqslant 300$	$55 <$ RI $\leqslant 110$	中等风险
$80 < E_i \leqslant 160$	$60 < E_i \leqslant 120$	$300 <$ RI $\leqslant 600$	$110 <$ RI $\leqslant 220$	高风险
$160 < E_i \leqslant 320$	$120 < E_i \leqslant 240$	RI > 600	RI > 220	极高风险
$E_i > 320$	$E_i > 240$	—	—	严重风险

2.3.4 水质标识指数法

单因子水质标识指数法利用实测数据对照分类标准对比分析，可以完整标识水质评价指标类别、水质数据、功能区目标值等重要信息，定性判断水质类别，可定量分析水质数据（徐祖信，2005），具体计算过程如下：

$$P_i = K_i + \frac{C_i - S_{ik\text{-}L}}{S_{ik\text{-}H} - S_{ik\text{-}L}} \tag{2-7}$$

$$P_{DO} = K_{DO} + \frac{S_{DO,k\text{-}H} - C_{DO}}{S_{DO,k\text{-}H} - S_{DO,k\text{-}L}} \tag{2-8}$$

式中，P_i 为第 i 项非溶解氧水质指标的单因子水质标识指数；P_{DO} 为 DO 的单因子水质标识指数；C_i 为第 i 项非溶解氧水质指标的实测质量浓度；C_{DO} 为 DO 的实测质量浓度；K_i为第i项非溶解氧水质指标的水质类别，K_{DO}为DO的水质类别［参考《地表水环境质量标准》（GB 3838—2002）（中华人民共和国国家环境保护总局，2002）确定各项实测指标水质类别］，可取值为1,2,…,6；$S_{ik\text{-}H}$和$S_{ik\text{-}L}$分别为第i项水质指标在第K_i类水质区间的上限值和下限值；$S_{DO,k\text{-}H}$和$S_{DO,k\text{-}L}$分别为DO在第K_{DO}类水质区间的上限值和下限值。

当水质指标为劣Ⅴ类时，非溶解氧指数和溶解氧指数分别用式（2-9）和式（2-10）计算：

$$P_i = 6 + \frac{C_i - S_{is\text{-}H}}{S_{is\text{-}H}} \tag{2-9}$$

$$P_{DO} = 6 + \frac{S_{DO,s\text{-}L} - C_{DO}}{S_{DO,s\text{-}L}} \tag{2-10}$$

式中，$S_{is\text{-}H}$为第i项非溶解氧水质指标在第Ⅴ类水质区间的上限值；$S_{DO,s\text{-}L}$为DO在第Ⅴ类水质区间的下限值。

综合水质标识指数法在单因子水质标识指数法基础上，可以削弱超标指标影响，完整表达河流整体综合水质信息，其计算公式如下：

$$I = \frac{1}{m}\sum_{i=1}^{m} P_i' \tag{2-11}$$

式中，I为综合水质标识指数；m为参加综合水质评价的水质单项指标数目；P_i'为第i个水质单因子水质标识指数。

2.4 污染物年排放量和年入河量估算方法

污染物年排放量估算需要考虑区域内的点源污染和非点源污染（Wang et al., 2016; Shi et al., 2015; Zhang et al., 2014; Wu et al., 2013; Yang et al., 2010）。本书中，点源污染包括集中排污和独立工业排污；非点源污染包括农村生活污染、畜禽养殖污染以及农田面源污染。污染源调查内容主要包括河道集中排污口、工业排污口的污水年排放量和污染物的年平均质量浓度、区域内畜禽养殖方式和规模、村镇人口数量以及耕地面积等。数据以《第一次全国污染源普查公报》（国家统计局，2010）和《哈尔滨统计年鉴》（哈尔滨统计局，2018）为基础，并通过实地调研、问卷调查、文献查阅以及地理信息系统（geographic information system, GIS）技术等方式进行补充。

2.4.1 污染物年排放量估算方法

本书以《全国水环境容量核定技术指南》（中国环境规划院，2003）为指导，结合研究区域控制单元分布情况，估算点源污染和非点源污染排放情况。

点源污染包含集中排污和独立工业排污，其污染物排放量以年通量计，计算公式为

$$W_{污} = C \times Q \times 10^{-6} \quad (2\text{-}12)$$

式中，$W_{污}$ 为排污口污染物年排放量（t/a）；C 为排污口污染物的年平均质量浓度（g/t）；Q 为污水年排放量（t/a）。对于无数据的集中排污口和工业排污口，可根据工厂产值、污水综合排放标准和相关文献采用类比法进行估算。

本书采用源强系数法（李泽琪等，2016；张洪波等，2013）对非点源污染物年排放量进行估算，农村生活污染物年排放量计算公式为

$$W_{生} = \alpha_1 \times N_{农} \times 365 \times 10^{-6} \quad (2\text{-}13)$$

式中，$W_{生}$ 为农村生活污染物年排放量（t/a）；$N_{农}$ 为控制单元内村镇人口数（人）；α_1 为农村生活排污系数 [g/(人·d)]。

畜禽养殖污染物年排放量需将畜禽折算成生猪进行计算，计算公式为

$$W_{畜} = \alpha_2 \times N_{畜} \times 365 \times 10^{-6} \quad (2\text{-}14)$$

式中，$W_畜$ 为畜禽养殖污染物年排放量（t/a）；$N_畜$ 为控制单元内生猪数量（头）；α_2 为畜禽排污系数 [g/(头·d)]。

农田面源污染主要通过核算污染物农田地表径流量，计算公式为

$$W_田 = \alpha_3 \times M_田 \times 10^{-3} \tag{2-15}$$

式中，$W_田$ 为农田污染物年排放量（t/a）；$M_田$ 为控制单元内农田面积（hm²）；α_3 为农田排污系数 [kg/(a·hm²)]，需结合哈尔滨市主城区河流控制单元的农田总面积、坡度、土壤类型、年降水量以及化肥和农药的施用量进行确定。

2.4.2 污染物年入河量估算方法

点源污染物直接排入河流中，但非点源污染所产生的污染物并非全部进入河流，污染物从排放到进入河流的过程中，受降水量、降水强度和土地利用类型等自然因素以及迁移过程中污染物自身降解的影响，最终只有部分污染物进入河流。因此，本书使用入河系数估算污染物年入河量（邢宝秀等，2016；苏保林等，2013；程红光等，2006）。

污染物年入河量计算公式为

$$W = \sum W_i \times \beta_i \tag{2-16}$$

式中，W 为污染物年入河量（t/a）；W_i 为 i 污染源污染物年排放量（t/a）；β_i 为 i 污染源入河系数。

2.5 人体健康风险评估模型

2.5.1 重金属暴露风险

经口摄入和皮肤吸收是环境污染物常见的人体暴露途径（Dong et al., 2020;

Qu et al., 2018)。故本书选择美国环境保护署（US EPA）提出的污染物日摄入量（chronic daily intake, CDI）的估算方法计算得出了重金属的日摄入剂量，详见式（2-17）～式（2-20）（US EPA，1989）：

$$\mathrm{CDI_{w\text{-}in}} = \frac{C_{w\text{-}i} \times \mathrm{IR} \times \mathrm{ABS_g} \times \mathrm{EF} \times \mathrm{ED}}{\mathrm{AT} \times \mathrm{BW}} \qquad (2\text{-}17)$$

$$\mathrm{CDI_{w\text{-}derm}} = \frac{C_{w\text{-}i} \times \mathrm{SA} \times K_p \times \mathrm{ABS_d} \times \mathrm{ET} \times \mathrm{EF} \times \mathrm{ED} \times \mathrm{CF}}{\mathrm{AT} \times \mathrm{BW}} \qquad (2\text{-}18)$$

$$\mathrm{CDI_{s\text{-}in}} = \frac{C_{s\text{-}i} \times \mathrm{IR} \times \mathrm{EF} \times \mathrm{ED}}{\mathrm{AT} \times \mathrm{BW}} \times \mathrm{CF} \qquad (2\text{-}19)$$

$$\mathrm{CDI_{s\text{-}derm}} = \frac{C_{s\text{-}i} \times \mathrm{SA} \times \mathrm{SL} \times \mathrm{ABS_d} \times \mathrm{EF} \times \mathrm{ED}}{\mathrm{AT} \times \mathrm{BW}} \times \mathrm{CF} \qquad (2\text{-}20)$$

式中，$\mathrm{CDI_{w\text{-}in}}$ 和 $\mathrm{CDI_{w\text{-}derm}}$ 分别为水体经口摄入重金属的暴露剂量和经皮肤吸收的暴露剂量 [mg/(kg·d)]；$\mathrm{CDI_{s\text{-}in}}$ 和 $\mathrm{CDI_{s\text{-}derm}}$ 分别为土壤经口摄入重金属的暴露剂量和经皮肤吸收的暴露剂量 [mg/(kg·d)]；$C_{w\text{-}i}$ 和 $C_{s\text{-}i}$ 分别为重金属 i 在水体中的平均浓度（mg/L）和在土壤中的平均浓度（mg/kg）；CF 为单位转换因子；其余参数及参数来源详见表 2-4。

表 2-4　健康风险模型中的暴露参数

曝光参数	水体		土壤		参考文献
	单位	参考值	单位	参考值	
摄入率（ingestion rate, IR）	L/d	1.227	mg/d	100	中华人民共和国生态环境部，2019；Ma et al., 2013
暴露频率（exposure frequency, EF）	d	350	d	350	US EPA, 2004
暴露期（exposure duration, ED）	a	74.8	a	25	中华人民共和国生态环境部，2019；Ma et al., 2013
每日暴露时间（daily exposure time, ET）	h/day	0.6	—	—	Wu et al., 2009

续表

曝光参数	水体		土壤		参考文献
	单位	参考值	单位	参考值	
平均体重（average body weight, BW）	kg	63.1	kg	63.1	Ma et al., 2013
平均寿命（average life time, AT）	d	27302	d	27302	Ma et al., 2013
皮肤暴露面积（skin exposed area, SA）	cm^2	18000	cm^2	18000	US EPA, 2004
渗透系数（permeability coefficient, K_p）	cm/h	Pb 为 10^{-4}；Cd 为 10^{-3}；Cr 为 2×10^{-3}；Zn 为 6×10^{-4}；Ni 为 2×10^{-4}；Cu 为 10^{-3}	—	—	US EPA, 2004
消化道吸收因子（gastrointestinal absorption factor, ABS$_g$）	—	Pb 为 0.117；Cd 为 0.05；Cu 为 0.57；Zn 为 0.2；Ni 为 0.04；Cr 为 0.025	—	—	Xiao et al., 2019；US EPA, 2004
皮肤黏附因子（skin adhesion factor, SL）	—	—	mg/(cm^2·d)	0.2	中华人民共和国生态环境部，2019
皮肤吸收系数（dermal absorption factor, ABS$_d$）	—	0.001	—	—	US EPA, 2004

致癌风险（cancer risk, CR）表示人体暴露于致癌效应污染物，诱发致癌性疾病或损伤的概率（中华人民共和国生态环境部，2019），其计算公式为

$$CR = CDI \times SF \tag{2-21}$$

式中，SF 为致癌斜率因子（kg·d/mg），致癌风险的可接受水平通常为 $10^{-6} \sim 10^{-4}$（US EPA，2004）。若致癌风险大于 10^{-4}，则认为致癌风险是不可接受的，表明人类患癌症的风险很高；若致癌风险在 10^{-6} 和 10^{-4} 之间，则表明癌症风险较低。

非致癌风险可通过危害熵（hazard quotient, HQ）进行评估，如式（2-22）所示（US EPA, 2004）。当 HQ > 1 时，应考虑非致癌作用。

$$HQ = \frac{CDI}{RfD} \tag{2-22}$$

式中，RfD（reference dose）表示重金属日摄入参考剂量 [mg/(kg·d)]，在本书中使用的所有 RfD 均为 US EPA 公布的参考值（US EPA, 2001）。值得注意的是，US

EPA 公布的 RfD 是基于典型美国人体重进行的剂量估计，因此很可能低估了亚洲人群的风险值（Minh et al., 2012）。由皮肤吸收和经口摄入途径带来的综合非致癌风险可由危害指数（hazard index, HI）进行评估，其计算如下：

$$HI=\sum HQ=\sum HQ_{derm}+\sum HQ_{in} \tag{2-23}$$

式中，HQ_{derm} 和 HQ_{in} 分别表示重金属经皮肤吸收和经口摄入途径的危害熵。同样，如果 HI > 1，则应考虑对人体健康的不利影响（US EPA, 2004）。HI 和 CR 均可使用表 2-4 中的参数进行计算，以反映研究区域居民的潜在健康风险。

2.5.2 新烟碱类农药暴露风险

为了评估新烟碱类杀虫剂在人体内的累积暴露量，利用 US EPA 提出的相对效能因子（relative potency factor, RPF）方法对 NNIs 进行归一化处理（Mahai et al., 2021; Lu et al., 2020; Mahai et al., 2019）。选取研究和应用最为广泛的吡虫啉作为指示化学品，并将吡虫啉与其他 NNIs 的相对慢性参考剂量（relative chronic reference dose, cRfD）进行比较［式（2-24）］，以获得每种新烟碱类农药的 RPF。使用式（2-25）计算地表水中 NNIs 总浓度。

$$RPF_i=\frac{cRfD_{IMI}}{cRfD_i} \tag{2-24}$$

$$IMI_{eq}=\sum_{i=1}^{n} NNI_i \times RPF_i \tag{2-25}$$

式中，$cRfD_{IMI}$ 为吡虫啉相对慢性参考剂量；$cRfD_i$ 为不同新烟碱类杀虫剂的相对慢性参考剂量；i 为不同种类新烟碱类杀虫剂；IMI_{eq} 为吡虫啉等效总新烟碱类杀虫剂的累积暴露水平（Mahai et al., 2019）；NNI_i 为水体中不同新烟碱类杀虫剂的浓度（ng/L）。所有 NNIs 的 cRfD 来源于 US EPA 推荐数值。

由于传统饮用水处理方法对新烟碱类杀虫剂的去除效率较低（Wan et al., 2020, 2019），因此我们估算了松花江哈尔滨段每种新烟碱类杀虫剂的日摄入量

[estimated daily intake, EDI, ng/(kg·d)], 其计算方法如下：

$$EDI_i = IMI_{eq} \times DIR \times AR \qquad (2\text{-}26)$$

式中，DIR（daily water ingestion rate）为每日摄水量[L/(kg·d)]；AR（absorption rate）为人体对NNIs的吸收率，恒定值100%（Mahai et al., 2021）。

2.6 水生生态风险评估模型

物种敏感度分布（species sensitivity distribution, SSD）用于新烟碱类杀虫剂对松花江水生生物的风险评估。SSD是描述不同物种对环境因子敏感性相关关系的数据分布。由于通过RPF方法将每个水样中新烟碱类杀虫剂总浓度等效为总吡虫啉的浓度，因此在SSD中我们选用吡虫啉毒性数据作为评价指标。利用US EPA的ECOTOX数据库（http://cfpub.epa.gov/ecotox/）获取中国淡水域水生动植物代表性物种和标准测试物种在96 h下的半数效应浓度（50% of effective concentration, EC_{50}）和半数致死浓度（50% of lethal concentration, LC_{50}）的急性毒性数据以及无观察效应浓度（no observed effect concentration, NOEC）的慢性毒性数据。本书共获得38个水生物种的108个急性毒性数据和28个水生物种的346个慢性毒性数据。本书采用US EPA提供的SSD软件对收集到的数据进行计算（SSD Generator V1, https://www.epa.gov/caddis-vol4）。通过SSD计算获得p%物种危害浓度（hazardous concentration for p% of species, HCp），通常p的取值为5（Klepper et al., 1998），即在该浓度下95%的物种不会受到新烟碱类杀虫剂的危害。

2.7 有机污染物沉积物-水交换模型

沉积物-水交换行为是影响水质和污染物环境归趋的重要过程，污染物在环境介质间的扩散可利用逸度分数来进行描述。逸度（fugacity）是描述一种物质离开某一环境介质而进入另一介质的趋势（Cui et al., 2020）。逸度与有机污染物的浓度和相应环境介质的逸度容量有关，其计算方法如式（2-27）所示（Mackay, 2001）：

$$f = C_m / Z \tag{2-27}$$

式中，f 为有机污染物的逸度（Pa）；Z 为相应环境介质的逸度容量 [mol/(m³·Pa)]；C_m 为有机污染物的摩尔浓度（mol/m³）。

然而，在沉积物和水体中污染物的监测浓度通常分别以 ng/g 和 ng/L 为单位进行表述。因此，为方便应用逸度方法进行研究，需要将质量浓度转换为摩尔浓度（崔嵩等，2016），具体如下：

$$C_{sm} = 10^6 C_s \rho_{s1} / P_m \tag{2-28}$$

$$C_{wm} = 10^6 C_w / P_m \tag{2-29}$$

式中，C_{sm} 和 C_{wm} 分别是污染物在沉积物和水中的物质的量浓度（mol/m³）；C_s 和 C_w 分别是污染物在沉积物中的质量分数（ng/g）和水中的质量浓度（ng/L）；ρ_{s1} 是沉积物的密度（kg/m³）；P_m 是有机污染物的摩尔质量（g/mol）。

沉积物和水中的逸度容量可用如下公式进行表示：

$$Z_s = K_p \times \rho_{s2} / H = 0.41 \times f_{oc} K_{ow} \rho_{s2} / H \tag{2-30}$$

$$Z_w = 1 / H \tag{2-31}$$

$$K_p = 0.41 \times f_{oc} K_{ow} \tag{2-32}$$

式中，H 为亨利常数（Pa·m³/mol）；K_{ow} 为辛醇-水分配系数；f_{oc} 为沉积物中的有机碳分数；ρ_{s2} 为沉积物的密度（kg/L），在数值上，$\rho_{s1}=1000\rho_{s2}$；K_p 为分配系数（L/kg）。

因此，沉积物和水体中有机污染物的逸度可分别表示为

$$f_s = C_{sm} / Z_s = \frac{10^6 C_s \rho_{s1} / P_m}{0.41 \times f_{oc} K_{ow} \rho_{s2} / H} \tag{2-33}$$

$$f_w = C_{wm}/Z_w = \frac{10^6 C_w/P_m}{1/H} \quad (2\text{-}34)$$

逸度分数（fugacity fraction, ff）通常被用来描述有机污染物在不同环境介质间的迁移行为，因此，可用其评价有机污染物的沉积物-水交换行为，其计算方法如式（2-35）所示：

$$\mathrm{ff} = \frac{f_s}{f_s + f_w} = \frac{1000C_s/0.41f_{oc}K_{ow}}{1000C_s/0.41f_{oc}K_{ow} + C_w} \quad (2\text{-}35)$$

当 ff = 0.5 时，表明沉积物-水交换处于平衡状态；当 ff > 0.5 时，表明污染物从沉积物向水体中迁移，此时沉积物作为二次排放源；相反，当 ff < 0.5 时，则表明污染物从水体向沉积物中富集，此时沉积物可视为污染物的"汇"。

参 考 文 献

程红光, 郝芳华, 任希岩, 等. 2006. 不同降雨条件下非点源污染氮负荷入河系数研究[J]. 环境科学学报, 26(3): 392-397.

崔嵩, 付强, 李天霄, 等. 2016. 松花江干流 PAHs 的底泥-水交换行为及时空异质性[J]. 环境科学研究, 29(4): 509-515.

国家统计局. 2010. 第一次全国污染源普查公报[EB/OL]. (2010-02-06) [2021-08-10]. http://www.stats.gov.cn/tjsj/tjgb/qttjgb/qgqttjgb/201002/t20100211_30641.html.

哈尔滨统计局. 2018. 哈尔滨统计年鉴[M]. 北京: 中国统计出版社.

李泽琪, 胡卓玮, 蔡满堂. 2016. GIS 支持下的凡河流域农业非点源污染物时空特征分析[J]. 水资源与水工程学报, 27(3): 48-54.

苏保林, 袁军营, 李冉, 等. 2013. 赣江下游平原圩区农村生活污染入河系数研究[J]. 北京师范大学学报(自然科学版), 49(Z1): 256-260.

王心芳, 魏复盛, 齐文启. 2002. 水和废水监测分析方法[M]. 4 版. 北京: 中国环境科学出版社.

邢宝秀, 陈贺. 2016. 北京市农业面源污染负荷及入河系数估算[J]. 中国水土保持, 5: 34-37, 77.

徐祖信. 2005. 我国河流单因子水质标识指数评价方法研究[J]. 同济大学学报(自然科学版), 33(3): 321-325.

张洪波, 李俊, 黎小东, 等. 2013. 缺资料地区农村面源污染评估方法研究[J]. 工程科学与技术, 45(6): 58-66.

中国环境规划院. 2003. 全国水环境容量核定技术指南[R]. 12-33.

中国环境监测总站. 1990. 中国土壤元素背景值[M]. 北京: 中国环境科学出版社.

中华人民共和国国家环境保护局. 1987. 水质 溶解氧的测定 碘量法: GB 7489—1987[S]. 北京: 中国标准出版社.

中华人民共和国国家环境保护局. 1989. 水质 总磷的测定 钼酸铵分光光度法: GB 11893—1989[S]. 北京: 中国标准出版社.

中华人民共和国国家环境保护总局. 2002. 地表水环境质量标准: GB 3838—2002[S]. 北京: 中国环境科学出版社.

中华人民共和国环境保护部. 2009. 水质 五日生化需氧量(BOD_5)的测定 稀释与接种法: HJ 505—2009[S]. 北京: 中国环境科学出版社.

中华人民共和国环境保护部. 2012. 水质 总氮的测定 碱性过硫酸钾消解紫外分光光度法: HJ 636—2012[S]. 北京: 中国环境科学出版社.

中华人民共和国环境保护部. 2017. 水质 化学需氧量的测定 重铬酸盐法: HJ 828—2017[S]. 北京: 中国环境出版社.

中华人民共和国生态环境部. 2018. 土壤环境质量 农用地土壤污染风险管控标准(试行): GB 15618—2018[S]. 北京: 中国标准出版社.

中华人民共和国生态环境部. 2019. 建设用地土壤污染风险评估技术导则: HJ 25.3—2019[S]. 北京: 中国标准出版社.

中华人民共和国卫生部. 2006. 生活饮用水卫生标准: GB 5749—2006[S]. 北京: 中国标准出版社.

CHEN Y X, JIANG X S, WANG Y, et al. 2018. Spatial characteristics of heavy metal pollution and the potential ecological risk of a typical mining area: a case study in China[J]. Process Safety and Environmental Protection, 113(Part B): 204-219.

CUI S, HOUGH R, YATES K, et al. 2020. Effects of season and sediment-water exchange processes on the partitioning of pesticides in the catchment environment: implications for pesticides monitoring[J]. Science of the Total Environment, 698: 134228.

DANKYI E, GORDON C, CARBOO D, et al. 2014. Quantification of neonicotinoid insecticide residues in soils from cocoa plantations using a QuEChERs extraction procedure and LC-MS/MS[J]. Science of the Total Environment, 499: 276-283.

DONG W W, ZHANG Y, QUAN X. 2020. Health risk assessment of heavy metals and pesticides: a case study in the main drinking water source in Dalian, China[J]. Chemosphere, 242: 125113.

EDET A E, OFFIONG O E. 2002. Evaluation of water quality pollution indices for heavy metal contamination monitoring: a study case from Akpabuyo-Odukpani area, lower Cross River Basin (southeastern Nigeria)[J]. GeoJournal, 57(4): 295-304.

HAKANSON L. 1980. An ecological risk index for aquatic pollution control: a sediment ecological approach[J]. Water Research, 14 (8): 975-1001.

ISLAM M S, AHMED M K, RAKNUZZAMAN M, et al. 2015. Heavy metal pollution in surface water and sediment: a preliminary assessment of an urban river in a developing country[J]. Ecological Indicators, 48(1): 282-291.

KLEPPER O, BAKKER J, TRAAS T P, et al. 1998. Mapping the potentially affected fraction(PAF) of species as a basis for comparison of ecotoxicological risks between substances and regions[J]. Journal of Hazardous Materials, 61(1-3): 337-344.

LU C S, LU Z B, LIN S, et al. 2020. Neonicotinoid insecticides in the drinking water system-fate, transportation, and their contributions to the overall dietary risks[J]. Environmental Pollution, 258: 113722.

MA W L, LIU L Y, QI H, et al. 2013. Polycyclic aromatic hydrocarbons in water, sediment and soil of the Songhua River Basin, China[J]. Environmental Monitoring and Assessment, 185(10): 8399-8409.

MACKAY D. 2001. Multimedia Environmental Models: The Fugacity Approach[M]. Boca Raton: CRC Press LLC.

MAHAI G, WAN Y J, XIA W, et al. 2019. Neonicotinoid insecticides in surface water from the central Yangtze River, China[J]. Chemosphere, 229: 452-460.

MAHAI G, WAN Y J, XIA W, et al. 2021. A nationwide study of occurrence and exposure assessment of neonicotinoid insecticides and their metabolites in drinking water of China[J]. Water Research, 189: 116630.

MEMOLI V, ESPOSITO F, PANICO S C, et al. 2019. Evaluation of tourism impact on soil metal accumulation through single and integrated indices[J]. Science of the Total Environment, 682: 685-691.

MINH N D, HOUGH, R L, THUY L T, et al. 2012. Assessing dietary exposure to cadmium in a metal recycling community in Vietnam: age and gender aspects[J]. Science of the Total Environment, 416: 164-171.

MOHAN S V, NITHILA P, REDDY S J. 1996. Estimation of heavy metals in drinking water and development of heavy metal pollution index[J]. Journal of Environmental Science and Health Part A: Toxic/Hazardous Substances and Environmental Engineering, A31(2): 283-289.

NEMEROW N L. 1974. Scientific Stream Pollution Analysis[M]. Washington: Scripta Book Company.

QU L Y, HUANG H, XIA F, et al. 2018. Risk analysis of heavy metal concentration in surface waters across the rural-urban interface of the Wen-Rui Tang River, China[J]. Environmental Pollution, 237: 639-649.

SHAHEEN A, IQBAL J, HUSSAIN S. 2019. Adaptive geospatial modeling of soil contamination by selected heavy metals in the industrial area of Sheikhupura, Pakistan[J]. International Journal of Environmental Science and Technology, 16(8): 4447-4464.

SHI T G, ZHANG X L DU H R, et al. 2015. Urban water resource utilization efficiency in China[J]. Chinese Geographical Science, 25(6): 684-697.

US ENVIRONMENTAL PROTECTION AGENCY (US EPA). 1989. Risk Assessment Guidance for Superfund[S]. Human Health Evaluation Manual (Part A), US Environmental Protection Agency: Washington DC, USA.

US ENVIRONMENTAL PROTECTION AGENCY (US EPA). 2001. Supplemental Guidance for Developing Soil Screening Levels for Superfund Sites[S]. Office of Soild Waste and Emergency Response, US Environmental Protection Agency: Washington DC, USA.

US ENVIRONMENTAL PROTECTION AGENCY (US EPA). 2004. Risk Assessment Guidance for Superfund, Volume I, Human Health Evaluation Manual (Part E, Supplemental Guidance for Dermal Risk Assessment)[S]. US Environmental Protection Agency: Washington DC, USA.

WAN Y J, HAN Q, WANG Y, et al. 2020. Five degradates of imidacloprid in source water, treated water, and tap water in Wuhan, central China[J]. Science of the Total Environment, 741: 140227.

WAN Y J, WANG Y, XIA W, et al. 2019. Neonicotinoids in raw, finished, and tap water from Wuhan, central China: assessment of human exposure potential[J]. Science of the Total Environment, 675: 513-519.

WANG W L, LIU X H, WANG Y F, et al. 2016. Analysis of point source pollution and water environmental quality variation trends in the Nansi Lake Basin from 2002 to 2012[J]. Environmental Science and Pollution Research International, 23(5): 4886-4897.

WU B, ZHAO D Y, JIA H Y, et al. 2009. Preliminary risk assessment of trace metal pollution in surface water from Yangtze River in Nanjing section, China[J]. Bulletin of Environmental Contamination and Toxicology, 82: 405-409.

WU Y P, CHEN J. 2013. Investigating the effects of point source and nonpoint source pollution on the water quality of the East River (Dongjiang) in South China[J]. Ecological Indicators, 32: 294-304.

XIAO J, Wang L Q, DENG L, et al. 2019. Characteristics, sources, water quality and health risk assessment of trace elements in river water and well water in the Chinese Loess Plateau[J]. Science of the Total Environment, 650: 2004-2012.

YANG Y H, YAN B X, SHEN W B. 2010. Assessment of point and nonpoint sources pollution in Songhua River Basin, Northeast China by using revised water quality model[J]. Chinese Geographical Science, 20(1): 30-36.

ZHANG L K, XIANG B, HU Y, et al. 2014. Risk assessment of non-point source pollution in Hulan River Basin using an output coefficient model[J]. Journal of Agro-Environment Science, 33(1): 148-154.

ZHOU Y, LU X X, FU X F, et al. 2020. Development of a fast and sensitive method for measuring multiple neonicotinoid insecticide residues in soil and the application in parks and residential areas[J]. Analytica Chimica Acta, 1016: 19-28.

第3章 松花江哈尔滨段汇入支流水质评价与污染负荷估算

城市化进程的不断加快、人口的持续增长以及农业生产资料的大量使用已使城市河流的污染日益严重。学者对城区段河流的污染问题非常关注,高学民(2000)系统地研究了长江沿程10个城市和20个(条)内湖、内河的主要水质污染参数[氧平衡参数——溶解氧(DO)、化学需氧量(COD)、生化需氧量(BOD)和营养元素参数——氨氮(NH_3-N)、硝态氮(NO_3-N)、总氮(TN)、正磷酸盐(PO_4^{3-}-P)等],并进行了评价和模拟,结果表明长江内湖、内河污染程度与人口数量、人口密集、城市发展和城市污染负荷相关性较强;庆旭瑶(2015)监测了重庆市主城区次级河流水体中TN、NH_3-N、NO_3-N、TP、COD、Cr、Cu、Zn、Pb、As和Cd浓度,并进行了时空变化分析与水质评价,研究表明各水质监测要素中尤以富营养化指标氮的污染最为严重,NH_3-N、NO_3-N和TP的浓度在秋冬季较高,春夏季浓度较低,进一步说明降雨对污染物有较好的稀释作用;王洪涛等(2016)分析了开封城市河流表层沉积物pH、粒度、有机质、TN及6种重金属(Cd、Cr、Cu、Ni、Zn和Pb)浓度,结果表明有机质、TN和重金属浓度在各个河段分布差异较大,并且有机质、TN和重金属浓度间呈显著正相关关系。

污染来源的识别与确定可为河流的污染治理及控源减排工作提供基本依据(王在峰等,2015;李义禄等,2014;赵洁等,2013)。对污染物年入河量进行估算是一项必要的基础性工作,不仅可以识别研究区域水体污染的主要来源,还可以明确排放源的主要类型和污染特征。Lee等(2005)对韩国Mankyeong River流域BOD、TN和TP污染负荷量的研究结果表明,BOD污染主要与人口密度和污水排放有关,TN和TP污染则主要来自畜禽养殖;Toshisuke等(2010)估算了日本 Tedori River 流域的农田氮污染负荷潜力，研究表明区域内氮污染负荷为 261 t/a；Štambuk-Giljanović（2006）估算了克罗地亚 Jadro River 流域 TN 和 PO_4^{3-}-P 的年负荷量，范围分别为 10~33 t 和 0.3~11.5 t；胥学鹏等（2011）估算了 2004~2008 年辽河流域浑河段 COD 和 NH_3-N 的入河总量，分别为 71.78 万 t 和 10.11 万 t；张倩等（2013）通过划分控制单元，利用污染源普查数据和土地利用数据，估算了辽河营口段 COD、NH_3-N、TN 和 TP 的年入河量，分别为 56426.71 t/a、2620.46 t/a、4801.24 t/a 和 344.15 t/a。尽管国内外学者针对污染物入河量估算及污染来源特征识别等方面进行了大量研究，但城市河流非点源污染通常因其随机性、广泛性、滞后性、模糊性、潜伏性和隐蔽性等复杂特征而难以准确监测且存在很大不确定性（耿润哲等，2013；Liu et al., 2013; Duan et al., 2007; Novotny et al., 1981）。

目前，松花江哈尔滨段一级汇入支流的研究大多关注阿什河及何家沟的污染状况，而关于其他支流的污染状况调查及水质评价仍略显不足。马广文等（2017，2014a，2014b）对阿什河 2008~2010 年年均 TN 和 TP 汇入松花江的总量进行了估算，分别为 5436.6 t 和 554.8 t，年入河量峰值分别由夏汛和春汛造成，且污染源大多以非点源污染为主；马放等（2016）运用水土评价工具（soil and water assessment tool, SWAT）模型情景模拟了阿什河流域退耕还林、等高种植、化肥减量与植被过滤带等非点源污染的控制措施及其综合效果，研究结果表明，通过综合管理措施可减少 TN 与 TP 负荷。本章主要针对松花江哈尔滨段一级汇入支流（马家沟、何家沟、运粮河、发生渠）的污染特征与水质综合评价及污染物负荷估算展开相关研究。

3.1 研究区域概况

哈尔滨市是松花江干流沿岸的重要城市，其辖区内马家沟、何家沟、运粮河和发生渠是松花江的一级汇入支流。其中，马家沟和何家沟主要流经城区和工业区，部分流经农业区；运粮河属于农村河流，流经农村生活区和农业区；发生渠属于人工渠道，主要流经城市开发区，以上河流流经区域具有多元产业结构特征，是城市水环境系统的典型代表。

3.2 样品采集和控制单元划分

为了解和识别松花江哈尔滨段城市内河（即主要汇入支流）污染特征，在马家沟、运粮河和发生渠的入江口至源头均匀布设采样点，分别标记为MJ1~MJ50、YL1~YL24、FS1~FS6，何家沟由干流、西沟和东沟组成，采样点由干流入江口至东西两源均匀布设分别标记为干流（HJ1~HJ6）、东沟（HJ-ET1~HJ-ET8）、西沟（HJ-WT1~HJ-WT11），详见图3-1。

图3-1 松花江哈尔滨段汇入支流及采样点分布情况

2017年5、6月（枯水期）和2017年8月（丰水期）在4条目标研究河流进行水体样品的采集工作，取250 mL水样沿溶解氧瓶壁注入瓶中，避免样品曝气或产生气泡,加入 1 mL 硫酸锰和 2 mL 碱性碘化钾-叠氮化钠溶液,避光保存,以备检测水质指标 DO;取 250 mL 样品注入玻璃瓶中,加入固定剂,4℃贮存,以备检测水质指标 COD_{cr};取 250 mL 样品注入溶解氧瓶,0~4℃避光保存,以备检测水质指标 BOD_5;取 250 mL 样品注入聚乙烯瓶中,加入固定剂,-20℃贮存,以备检测水质指标 TN;取 250 mL 样品注入玻璃瓶中,加入固定剂,以备检测水质指标 TP。

在所布设的 105 个采样点中,因受水文和气象因素的影响,枯水期部分采样点出现断流情况,而未采集到有效样品。因此,本书通过 188 组有效样品分析主要水质指标的时空分布特征,并进行水质评价。

为进行污染物年入河量估算,设定以河流为中心线,沿两岸各延伸 1 km 为污染物核算的有效区域,并根据河流的地理位置,水文特征以及区域内经济发展等综合情况划分控制单元。松花江哈尔滨段汇入支流控制单元分布如图 3-2 所示,控制单元功能区分布情况见表 3-1。

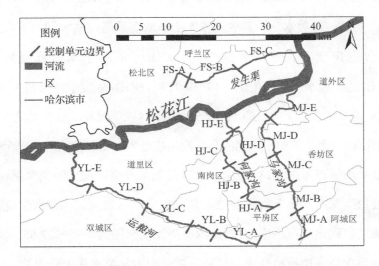

图 3-2 松花江哈尔滨段汇入支流控制单元分布图

表 3-1 松花江哈尔滨段汇入支流控制单元功能区分布情况

河流	控制单元功能区				
	A	B	C	D	E
马家沟	农业区	工业区	工业区、农业区	城区	城区
何家沟	工业区	工业区、农业区	商业交通	工业区、城区	城区
运粮河	农业区	农业区	农业区、农村生活区	农业区、农村生活区	农业区
发生渠	工业区、农业区	城区	工业区、农业区	—	—

注：A、B、C、D、E 分别代表松花江哈尔滨段汇入支流的控制单元。

3.3 污染特征分析与水质综合评价

3.3.1 总体分析

松花江哈尔滨段城市内河枯水期、丰水期主要水质指标平均浓度值如表 3-2 所示，并依据《地表水环境质量标准》（GB 3838—2002）（表 3-3）（中华人民共和国国家环境保护总局，2002）进行水质等级评价。DO 浓度平均值范围为 3.01～7.48 mg/L，属Ⅱ～Ⅳ类水质，其中马家沟 DO 浓度最高，枯水期、丰水期 DO 最低浓度值分别出现在何家沟和发生渠；COD_{cr} 浓度平均值范围为 52.42～135.12 mg/L，是Ⅴ类水质上限值的 3.49～9.01 倍；BOD_5 浓度平均值范围为 13.40～54.80 mg/L，是Ⅴ类水质上限值的 1.34～5.48 倍，这表明松花江哈尔滨段主要汇入支流有机污染比较严重，其中丰水期的马家沟污染最为突出，何家沟全年污染均较严重；TP 浓度平均值范围为 0.13～0.97 mg/L，最低浓度值可满足Ⅲ类水质标准要求，但最高浓度值为Ⅴ类水质上限值的 2.4 倍，枯水期运粮河、何家沟浓度较高，丰水期最高浓度值则出现在马家沟；TN 浓度平均值范围为 1.39～22.85 mg/L，最低浓度值可满足Ⅳ类水质标准要求，最高浓度值则为Ⅴ类水质上限值的 11.42 倍，枯水期和丰水期的最高浓度值出现在枯水期的发生渠和丰水期的何家沟。

表 3-2 松花江哈尔滨段城市内河枯水期、丰水期主要水质指标浓度平均值

（单位：mg/L）

河流	时期	DO	COD$_{cr}$	BOD$_5$	TP	TN
发生渠	枯水期	6.90	60.17	22.40	0.36	22.85
	丰水期	3.57	74.00	21.45	0.13	1.39
马家沟	枯水期	7.48	56.05	18.99	0.25	15.01
	丰水期	6.66	135.12	54.80	0.97	6.19
何家沟	枯水期	3.01	76.17	27.21	0.71	20.59
	丰水期	5.34	70.40	22.29	0.76	10.53
运粮河	枯水期	6.04	53.38	18.56	0.87	2.96
	丰水期	6.56	52.42	13.40	0.58	2.26

表 3-3 地表水环境主要水质指标标准限值 （单位：mg/L）

主要水质指标	主要水质指标标准限值				
	Ⅰ类	Ⅱ类	Ⅲ类	Ⅳ类	Ⅴ类
DO	≥7.5	≥6	≥5	≥3	≥2
COD	≤2	≤4	≤6	≤10	≤15
BOD$_5$	≤3	≤3	≤4	≤6	≤10
TP	≤0.02	≤0.1	≤0.2	≤0.3	≤0.4
TN	≤0.2	≤0.5	≤1.0	≤1.5	≤2.0

由此可见，松花江哈尔滨段城市内河污染较为严重，全年污染状况为马家沟>何家沟>发生渠>运粮河，季节性污染程度为枯水期>丰水期。马家沟和何家沟有机污染严重超标，而发生渠和运粮河 TP、TN 超标，污染情况均存在明显的时空分布差异性特征。

3.3.2 时空变化分析

枯水期和丰水期马家沟、何家沟、运粮河和发生渠的主要水质指标变化情况如图 3-3～图 3-7 所示，不同时期各项水质指标总体变化趋势相似，其中空白表示无有效数据。由图 3-3 可知，马家沟 MJ1～MJ10 段和 MJ23～MJ50 段的 DO

浓度呈现波动变化，66.7%的采样点（仅对枯水期和丰水期皆有数据的采样点进行比较）DO 浓度呈现为枯水期>丰水期，枯水期 MJ45 采样点的 DO 浓度达最低值（1.3 mg/L）；何家沟 88.9%的采样点 DO 浓度呈现为丰水期>枯水期，枯水期 HJ-WT10 采样点 DO 浓度达最低值（0.19 mg/L）；运粮河 DO 浓度则呈不同变化特征，YL1~YL4 段、YL15~YL21 段的 DO 浓度呈现枯水期>丰水期，YL5~YL14 段的 DO 浓度呈现丰水期>枯水期，枯水期 YL5 采样点的 DO 浓度达最低值；发生渠 83.3%的采样点 DO 浓度呈现枯水期大于丰水期，但枯水期 FS5 采样点的 DO 浓度最低（1.4 mg/L），表明该采样点处水体的自净能力较弱。

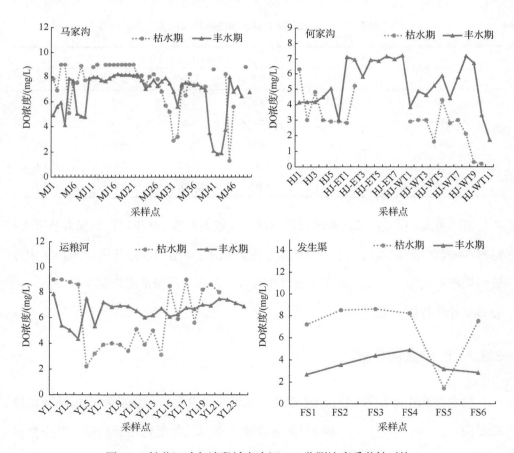

图 3-3　松花江哈尔滨段城市内河 DO 监测浓度季节性对比

水质指标 COD_{cr} 和 BOD_5 同为有机污染的衡量指标,在枯水期和丰水期沿程变化相似(图 3-4 和图 3-5)。发生渠、马家沟、何家沟约 52.4%的采样点的 COD_{cr} 和 BOD_5 浓度呈丰水期>枯水期,仅个别采样点枯水期的 COD_{cr} 浓度骤增而高于丰水期(FS5、MJ31、MJ45、HJ-WT5~HJ-WT11),另外,丰水期马家沟 MJ42 采样点的 COD_{cr} 浓度达 1390 mg/L,约为Ⅴ类水质标准上限值的 92 倍,属重度污染;运粮河采样点的 COD_{cr} 浓度随季节变化呈高低值交替出现,枯水期 YL5 采样点的 COD_{cr} 浓度达最高值(COD_{cr} 为 196 mg/L、BOD_5 为 81.3 mg/L),丰水期 YL6 采样点的 COD_{cr} 浓度达最高值(COD_{cr} 为 158 mg/L、BOD_5 为 58.5 mg/L)。

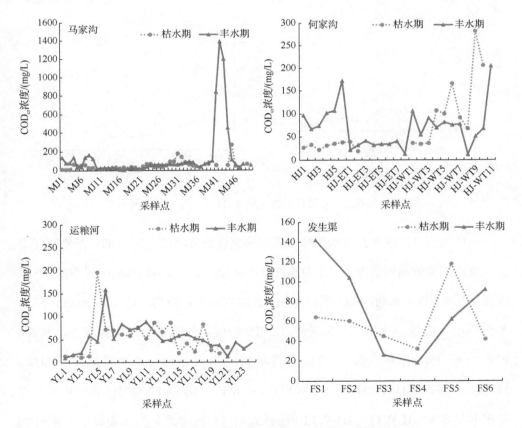

图 3-4 松花江哈尔滨段城市内河 COD_{cr} 监测浓度季节性对比

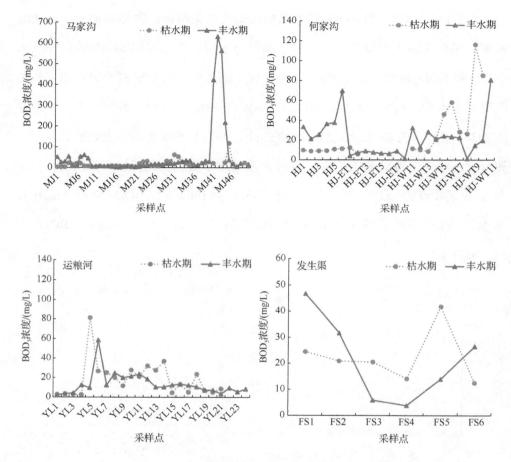

图 3-5 松花江哈尔滨段城市内河 BOD_5 监测浓度季节性对比

采样点的 TP 浓度在枯水期和丰水期的变化趋势相似（图 3-6），个别采样点呈现监测浓度骤增的情况，可作为重点防控区域。发生渠 66.7%的采样点的 TP 浓度呈现枯水期>丰水期，FS5 采样点的 TP 浓度骤增，最高可达 1.29 mg/L，约为 V 类标准上限值的 3 倍，其余采样点的 TP 浓度均低于 V 类水质标准；马家沟、何家沟 67.9%的采样点的 TP 浓度呈现为丰水期>枯水期，丰水期 MJ8、MJ32、MJ36、MJ42、MJ43、HJ6、HJ-WT1、HJ-WT2、HJ-WT9 和 HJ-WT10 采样点浓度和枯水期 HJ-WT9、HJ-WT10 采样点的 TP 浓度是 V 类水质标准上限值的

3~11倍，表明这些采样点污染较严重；运粮河66.7%的采样点的TP浓度呈现为枯水期>丰水期，枯水期YL11、YL13、YL21采样点的TP浓度和丰水期YL6、YL24采样点的TP浓度均超过Ⅴ类水质标准的上限值。

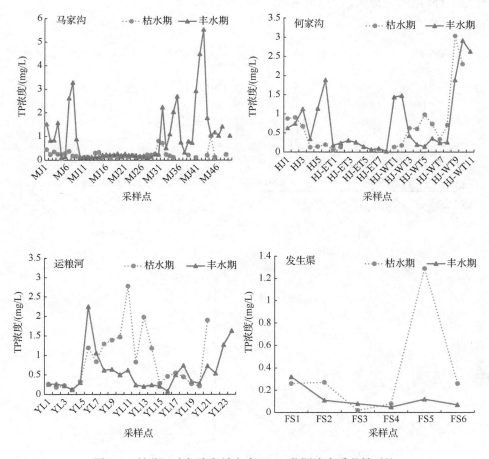

图3-6 松花江哈尔滨段城市内河TP监测浓度季节性对比

4条支流TN浓度在枯水期和丰水期沿程变化相似（图3-7），TN浓度总体呈现为枯水期>丰水期，少数采样点的TN浓度骤增，可视为重点治理与控制区域。发生渠枯水期TN浓度（平均浓度为22.85 mg/L）远大于丰水期（平均浓度为1.39 mg/L），该结果的产生可能是由于发生渠附近农田于5月和6月（枯水期）

开始进行耕作,有大量化肥(包含 NO_3^-、NO_2^- 和 NH_4^+ 等无机氮,以及蛋白质、氨基酸和有机胺等有机氮)进入河流,造成严重氮污染;马家沟、何家沟在枯水期和丰水期氮污染相对严重,是 V 类水质标准上限值的 0.5~14.1 倍,HJ-WT11 采样点的 TN 浓度达最大,为 122 mg/L。

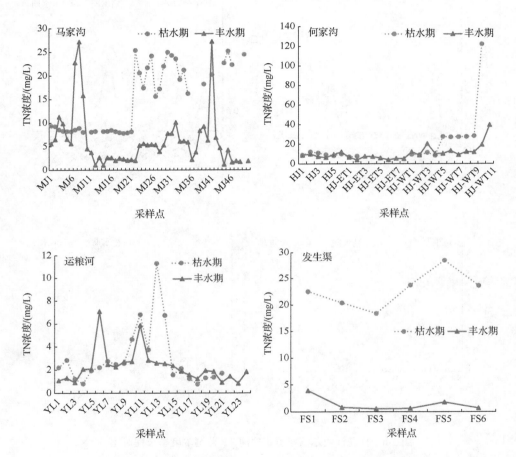

图 3-7 松花江哈尔滨段城市内河 TN 监测浓度季节性对比

变异系数(coefficient of variation, Cv)能够在一定程度上反映污染物浓度空间分布或组分构成的变化特征,Cv 越大表明污染物浓度空间分布差异性越大。松花江哈尔滨段 4 条汇入支流枯水期和丰水期主要水质指标标准差(standard deviation, SD）及 Cv 见表 3-4。由表 3-4 可知，同一时期水质指标在河流各个采样点分布呈现明显的空间差异性。马家沟水质指标的空间变异程度最大，COD_{cr}、BOD_5 和 TP 的 Cv 值均在丰水期最高，而运粮河水质指标的空间变异程度最小，这表明不同水质指标空间上的变化可能与河流的水文特征、流域面积以及流域内污染源的分布情况有关。发生渠枯水期水质指标 Cv 值表现为 TP > COD_{cr} > BOD_5 > DO > TN，主要原因是 FS5 采样点的 TP、COD_{cr}、BOD_5 浓度骤增，DO 浓度骤减，表明该采样点有机污染和磷污染较为严重，且水体自净能力较差；TN 的 Cv 值虽小，空间差异不明显，但河流整体氮污染异常严重，这可能是由于采样点南岸工业区的废水排放及北岸大面积农田地表径流输入而导致的河流污染。发生渠丰水期水质指标 Cv 值表现为 TN > TP > BOD_5 > COD_{cr} > DO，主要原因是 FS1 采样点的 TN、TP、BOD_5、COD_{cr} 监测浓度骤增且高于其他浓度，而 DO 浓度低于其他浓度，这表明该采样点氮和磷的污染严重，这可能是由于采样点两岸大面积农田中赋存的氮和磷，在丰水期通过地表径流输入河流而造成的污染。

表 3-4　松花江哈尔滨段入江支流枯水期和丰水期主要水质指标 SD 与 Cv

名称	季节	指标	DO	COD_{cr}	BOD_5	TP	TN
发生渠	枯水期	SD	2.51	28.03	9.61	0.43	3.14
		Cv	0.36	0.47	0.43	1.17	0.14
	丰水期	SD	0.80	43.65	15.19	0.09	1.19
		Cv	0.23	0.59	0.71	0.72	0.86
马家沟	枯水期	SD	1.84	48.97	20.62	0.19	6.86
		Cv	0.25	0.87	1.09	0.76	0.46
	丰水期	SD	1.71	271.69	129.36	1.19	5.82
		Cv	0.26	2.01	2.36	1.23	0.94

续表

名称	季节	指标	DO	COD$_{cr}$	BOD$_5$	TP	TN
何家沟	枯水期	SD	1.47	71.18	29.75	0.77	25.90
		Cv	0.49	0.93	1.09	1.08	1.26
	丰水期	SD	1.51	44.95	18.98	0.82	7.11
		Cv	0.28	0.64	0.85	1.07	0.68
运粮河	枯水期	SD	2.39	41.14	17.72	0.71	2.49
		Cv	0.40	0.77	0.96	0.82	0.84
	丰水期	SD	0.83	29.98	11.23	0.51	1.42
		Cv	0.13	0.57	0.84	0.88	0.63

马家沟枯水期和丰水期水质指标的 Cv 值均表现为 BOD$_5$ > COD$_{cr}$ > TP > TN > DO，主要原因是枯水期 BOD$_5$ 和 COD$_{cr}$ 浓度在 MJ29~MJ32 段和 MJ45 采样点骤增，丰水期 BOD$_5$ 和 COD$_{cr}$ 浓度在 MJ41~MJ44 段骤增，这表明该河流的有机污染较为严重。实际上，MJ29~MJ32 段左岸的农田，右岸密集的居民区可能是造成有机污染增加的主要原因，而 MJ41~MJ45 段两岸的工业废水排放可能是造成有机污染主要因素；TP 浓度在 MJ1~MJ10 段、MJ30~MJ50 段的波动较为明显且超标，其中 MJ1~MJ10 段的生活污水排放可能是其主要来源，同时该段河道较为弯曲且河水自净能力差也可能影响 TP 的浓度变化；MJ30~MJ50 段则可能为农业和工业的复合污染所致；TN 监测浓度超标，尤其是枯水期的 MJ21~MJ50 段，以及丰水期的 MJ1~MJ10 段、MJ22~MJ44 段的浓度变化较为明显且污染十分严重，污染源可能主要来自生活区和农业生产资料的过量使用；除个别河段外，DO 的浓度均较大，表明水体的自净能力相对较强。

何家沟枯水期水质指标的 Cv 值表现为 TN > BOD$_5$ > TP > COD$_{cr}$ > DO，主要原因是何家沟西沟污染较为严重，各项指标的浓度变化范围较大，氮的污染尤为严重；丰水期水质指标的 Cv 值表现为 TP > BOD$_5$ > TN > COD$_{cr}$ > DO，主要原因是何家沟干流、西沟污染严重，有机污染和氮污染尤为严重。何家沟污染严重的主要原因可能是沿岸存在大量集中排污口的生活污水汇入。

运粮河枯水期水质指标的 Cv 值表现为 BOD$_5$ > TN > TP > COD$_{cr}$ > DO，而丰水期水质指标的 Cv 值则表现为 TP > BOD$_5$ > TN > COD$_{cr}$ > DO，COD$_{cr}$、BOD$_5$、TP、TN 水质指标普遍在 YL5～YL14 段呈现高低值交替出现的状况，导致 Cv 值增大，同时 DO 在该区域的浓度较低，导致水体的自净能力相对降低，污染源可能来自中游的农业面源污染和下游八一水库的水产养殖排水，因此 YL5～YL14 段应为运粮河水质监测与治理的重点河段。

3.3.3 水质等级评价

应用单因子水质标识指数 [式（2-7）～式（2-10）] 和综合水质标识指数 [式（2-11）] 对枯水期和丰水期马家沟、何家沟、运粮河及发生渠主要水质指标（DO、COD$_{cr}$、BOD$_5$、TP 和 TN）进行评价，各采样点的评价结果见图 3-8。总体来说，目标研究河流的污染较为严重，约 76.0%的采样点水质类别达Ⅴ类水质及以上，约 47.9%的采样点水质类别达劣Ⅴ类水质，各采样点水质指标综合水质标识指数最小值为 2.4（运粮河 YL4 采样点），水质类别最优为Ⅱ类；综合水质标识指数最大值为 27.7（马家沟 MJ42 采样点），水质类别为劣Ⅴ类且黑臭水体。松花江哈尔滨段汇入支流综合水质标识指数的时空变化特征表现为枯水期水质状况劣于丰水期，其中发生渠枯水期的水质皆为劣Ⅴ类水体，FS5 采样点水质最差，丰水期 FS1 采样点水质最差；马家沟枯水期 MJ22～MJ50 段水质为劣Ⅴ类水体，而丰水期 MJ1～MJ9 段、MJ32～MJ50 段水质为劣Ⅴ类水体；何家沟枯水期的干流（HJ1～HJ2）、西沟（HJ-WT1～HJ-WT10）大部分均处于劣Ⅴ类水体，东沟基本呈断流状态,而丰水期的干流（HJ1～HJ2）、西沟（HJ-WT1～HJ-WT11）基本处于劣Ⅴ类水体,东沟（HJ-ET1～HJ-ET8）处于Ⅳ类水体;运粮河枯水期和丰水期在YL5～YL14段的污染相对严重,枯水期水质为劣Ⅴ类水体,而丰水期水质为Ⅴ类水质。松花江哈尔滨段汇入支流的水质污染评价结果呈现枯水期与丰水期的差异性特征,这可能与大气降水有关,丰水期降水量大导致河水流动性大,污径比相对较小,水质污染状况得到改善;空间的差异性主要是河流流经区域存在的工业点源、农田面源和生活污水的排放使大量污染物汇入。

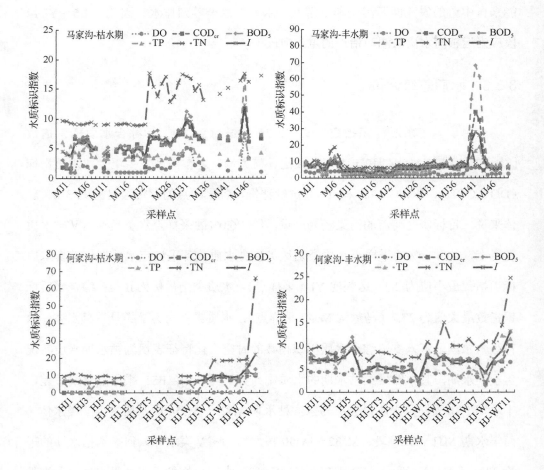

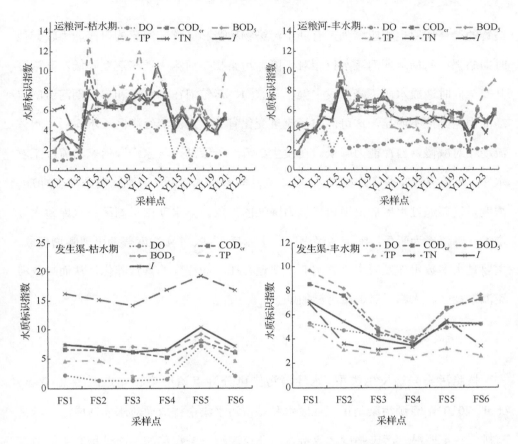

图 3-8 松花江哈尔滨段汇入支流单因子水质标识指数与综合水质标识指数

3.3.4 水体污染影响因素分析

影响松花江哈尔滨段城市内河水环境质量的因素众多，其中河流径流量、河流自净能力、工农业区及居民区废污水排放等因素均会对水质造成污染。水体污染的影响因素主要可分为自然条件、污染来源、环境保护相关政策等 3 个方面。

1. 自然条件

松花江哈尔滨段 4 条汇入支流中何家沟属于季节性河流，枯、丰水期的水量变化较大。降水等气象原因导致丰水期径流量大，水体交换速度相对加快，对污染物的稀释作用也相应增强，有助于污染物稀释和降解，河流的自净能力较其他时期略强；而枯水期河流水位相对下降，污染物在河流中迁移速度降低，其浓度升高，同时造成水质下降。发生渠、马家沟、运粮河在枯水期和丰水期河流的自净能力差异性不明显，这可能与径流量变化有关。河流流经湖区、水库后，水体流动相对减慢，自净能力降低。在发生渠流经天璇湖，马家沟和何家沟流经工农水库，运粮河流经兴隆、友谊、八一、立功等4座水库后，通过比较采样点的DO浓度，发现通过水库后出现自净能力降低的现象，丰水期由于湖区、水库蓄水量增大，降幅更为明显；河流流经湖区、水库后，TP、TN浓度普遍出现骤增现象，主要是大多数水库发展水产养殖业，普遍存在不同程度的富营养化，从而导致河流流过湖区、水库后氮、磷污染加剧。

2. 污染来源

按照污染来源发生类型，水环境污染可分为点源污染和非点源污染（Yang et al.，2010）。点源污染是指工业废水和城市污水集中排放而对水体造成污染，具有排污特征明显、污染强度大等特点；非点源污染是指伴随降雨过程产生的地表径流污染，主要包括水土流失、农业化学品过量施用、城市径流、畜禽养殖和农业农村废弃物等，具有随机性、广泛性、滞后性、模糊性、潜伏性和隐蔽性等特征（阮晓红等，2002；沈晋，1992；Novotny et al.，1981）。

工业废水和集中排污口的直排是造成城市河流点源污染的主要原因，哈尔滨市有城南、"动力之乡"、城东、城西、城中、松北、呼兰、阿城八大工业区，涵盖汽车、飞机制造、医药、新材料、电站设备整机制造、电站设备配套、石化、木材加工、家具制造等产业，部分工业废水未经处理或处理后未达标而排入河流后造成水质下降。据统计，哈尔滨市城区已登记排污口共118个，其中市政排污口占66%，工业企业排污口占34%，其中有62个排污口布设在何家沟，占排污口总数的 53.2%（王力，2013）。从监测浓度和评价结果看，何家沟的氮污染、有机污染严重，工业点源和集中排污口所排废污水不达标，是造成何家沟污染的主要原因。发生渠上游（FS5）、马家沟上游（MJ42）的污染为工业废水和集中式生活污水排放所致。

发生渠（FS1、FS5 和 FS6）、马家沟中上游（MJ35～MJ45）、何家沟西沟上游（HJ-WT8～HJ-WT11）和运粮河流经大面积农田，根据评价结果显示，TP、TN 单因子水质标识指数增大，成为该区域河流的主要污染物，属于水土流失、农业氮磷化肥过量施用产生的农业非点源污染。丰水期随降水量和农药化肥使用量增加，农田地表径流对河流造成污染更加明显。目前，氮肥运筹优化技术、施加生物炭控制氮磷流失、人工湿地、生态沟渠、生态田埂等工程措施是控制氮肥、磷肥过量施用，减少水土流失的有效措施。

3. 环境保护相关政策

国务院颁布的《水污染防治行动计划》（国务院，2015）中明确提出"到 2020 年，地级及以上城市建成区黑臭水体均控制在 10%以内，到 2030 年，城市建成区黑臭水体总体得到消除"的控制性目标。城市黑臭水体整治已成为地方各级政府改善城市人居环境工作的重要内容。马家沟经过多年治理，目前已取得显著效果，中下游部分水质优于Ⅴ类水，达到Ⅲ类水，因此实施合理治污政策，设计科学治污方案，可改善甚至消除城市黑臭水体。

3.4 污染负荷估算

3.4.1 污染物年排放量估算

根据式（2-12）～式（2-15）计算得出，松花江哈尔滨段 4 条汇入支流控制单元内COD、TN和TP年排放总量分别为5857.96 t、2479.62 t和340.96 t，点源污染年排放量分别是2.51 t、2.15 t和0.15 t，其空间分布具有随机性，总体呈现为集中排污大于独立工业排污；非点源污染年排放量分别为5855.45 t、2477.47 t和340.81 t，与点源污染相比，其年排放量较大，且主要来源于农田面源污染，其年排放量分别占非点源污染年排放总量的51.0%、74.1%和86.8%。松花江哈尔滨段4条汇入支流各控制单元点源污染和非点源污染年排放量见图3-9～图3-11，本书仅以COD为例进行分析。

何家沟区域点源污染年排放量最大，COD年排放量约占研究区域点源排放总量的46.1%，其次是马家沟区域，约占32.1%。点源污染主要集中在何家沟和马家沟区域，这可能是由于以上河流属城区河流，控制单元内中小型工厂相对较多，工厂废水直接或间接排入工业排污口；同时，大量城市生活污水经集中处理后排入市政排污口或无组织排污口，从而造成点源污染。

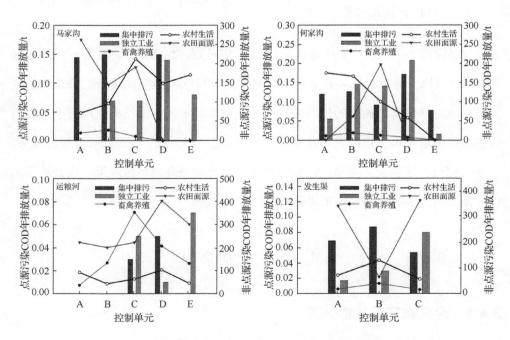

图3-9 控制单元点源污染和非点源污染COD年排放量

第 3 章 松花江哈尔滨段汇入支流水质评价与污染负荷估算

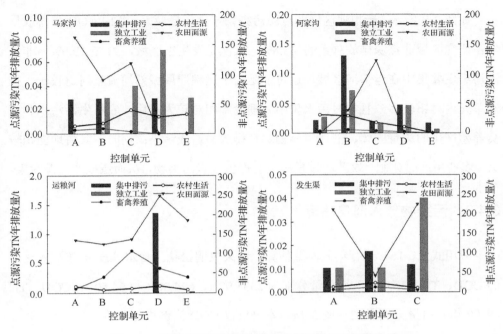

图 3-10 控制单元点源污染和非点源污染 TN 年排放量

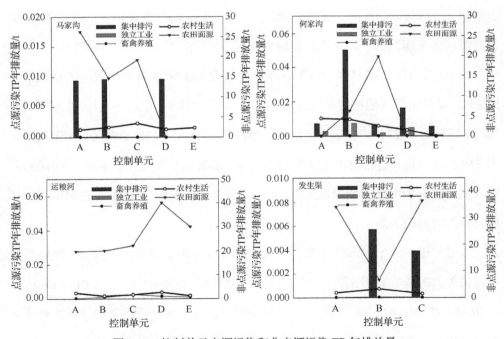

图 3-11 控制单元点源污染和非点源污染 TP 年排放量

如图 3-9 所示，运粮河区域非点源污染物年排放量最大，其中 COD 年排放量约占研究区域非点源排放总量的 43.8%，其次是发生渠区域，约占 19.0%。非点源污染主要集中在运粮河区域，这可能是由于运粮河属城郊河流且河道较长，控制单元内村镇较多，且农村污水集中处理设施相对较为落后，农村生活污水和畜禽养殖产生的大量固体、液体废弃物肆意排放易造成污染；同时，其耕地面积较大，农业生产时化肥、农药的过量施用会产生大量污染物，从而造成非点源污染。

3.4.2 污染物年入河量估算

应用式（2-16）进行年入河量估算，结果表明松花江哈尔滨段 4 条汇入支流的 COD、TN 和 TP 年入河总量分别为 2331.97 t、624.00 t 和 64.50 t，COD、TN 和 TP 年入河量见图 3-12～图 3-14，本书仅以 COD 为例进行分析。

在马家沟区域，控制单元 MJ-C 的 COD 年入河量为 186.29 t，其对马家沟的贡献率为 29.8%，显著高于其他控制单元（$p<0.05$，两个变量显著线性相关）；年入河量总体呈现为上中游（农村和城郊地区）>下游（城区）。在何家沟区域，控制单元 HJ-A、HJ-B 和 HJ-C 的 COD 年入河量为 383.38 t，其对何家沟的贡献率为 88.8%，显著高于其他控制单元（$p<0.05$）；年入河量呈现为上中游（城郊和农村地区）>下游（城区）。在运粮河区域，控制单元 HJ-C 和 HJ-D 的 COD 年入河量为 559.51 t，其对运粮河的贡献率为 58.7%，显著高于其他控制单元（$p<0.05$）；年入河量呈现为中游（城郊地区）>上下游（农村地区）。发生渠各控制单元内污染物年入河量较为均匀。

本书对松花江哈尔滨段 4 条汇入支流单位水体污染物年入河量与平均质量浓度相关关系的分析表明（图 3-15），其相关系数分别为 $R=0.870$（$p<0.01$）、$R=0.701$（$p<0.01$）和 $R=0.832$（$p<0.01$），均呈显著相关。进一步说明污染物年入河量估算方法适用于该地区，且可在一定范围内预测河流的污染物质量浓度。

第3章 松花江哈尔滨段汇入支流水质评价与污染负荷估算

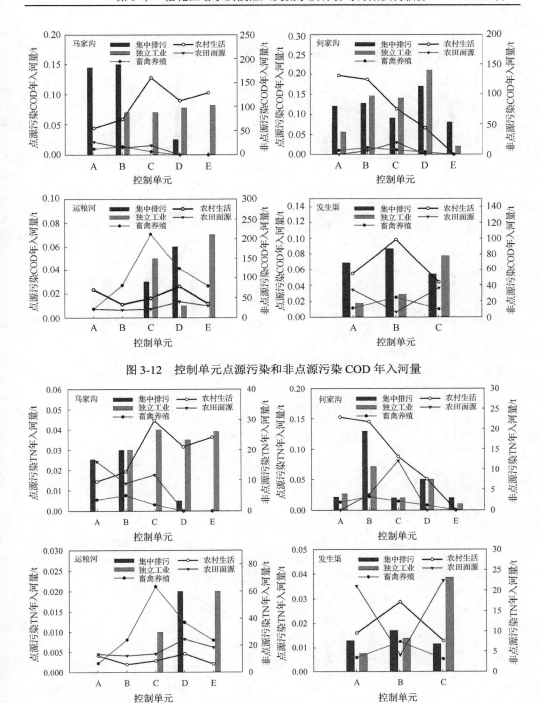

图 3-12 控制单元点源污染和非点源污染 COD 年入河量

图 3-13 控制单元点源污染和非点源污染 TN 年入河量

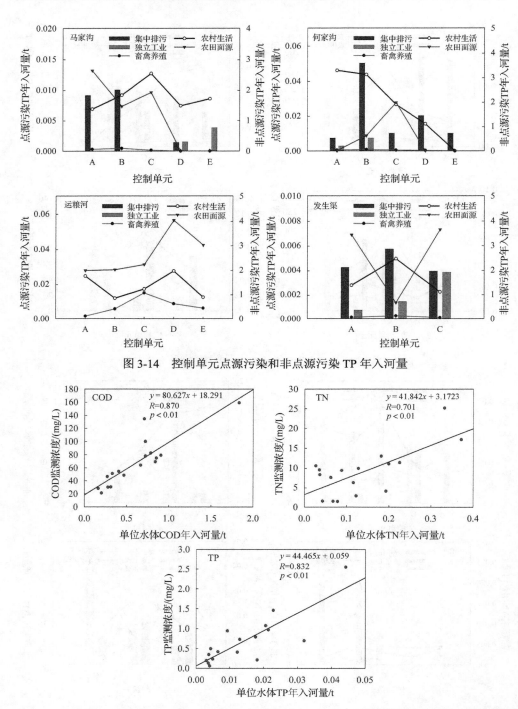

图 3-14 控制单元点源污染和非点源污染 TP 年入河量

图 3-15 松花江哈尔滨段 4 条汇入支流单位水体污染物年入河量与平均质量浓度相关关系图

松花江哈尔滨段 4 条汇入支流各污染源 COD、TN 和 TP 对年入河量的贡献率如图 3-16 所示,农村生活和农田面源是研究区域河流污染物的主要来源,其贡献率分别约为 49.7%和 31.2%。农村生活对马家沟和何家沟污染物年入河量的贡献率最大,其次是农田面源。MJ-C 的污染物主要由农村生活产生,这与该控制单元位于城郊地区,其村镇人口较密集、生活污水产生量大和污水处理设施相对不完善密切相关,而农田面源和畜禽养殖所产生的污染贡献率相对较低;MJ-A 虽位于农业区,但控制单元内农村人口数量少且密度较低,由农村生活所产生污染贡献率相对最低,而农田面源所产生的污染贡献率相对较高,这主要是由于该地区耕地面积较大;在何家沟区域,HJ-A 和 HJ-B 的污染物主要由农村生活产生,主要是由于这两个控制单元位于城乡交界处,村镇人口密集,生活污水排放量较大且缺乏处理设施;而控制单元 HJ-C 的污染物则主要来自农田面源。何家沟点源污染严重,集中排污和独立工业排污分布在河流全部控制单元,其中控制单元 HJ-D 的点源污染最为严重。

畜禽养殖和农田面源对运粮河污染物入河总量贡献率较大,与城区河流(马家沟和何家沟)的污染物来源组成存在明显差异,马家沟和何家沟污染物年入河量主要来源于农村生活,而运粮河污染物主要来源于畜禽养殖与农田面源,控制单元 YL-C 和 YL-D 的畜禽养殖污染最为严重。运粮河的农田面源污染较为均匀,主要是由于运粮河的控制单元内多为村屯,人口较少,分布松散;运粮河集中排污和独立工业排污集中在 YL-C、YL-D、YL-E 内,多属于无组织排污和小作坊排污,年排放量虽然较小,但污染物浓度相对较大。发生渠属人工渠道,流经城市开发新区,人口相对较少,污染物年入河量较少,该区域农村生活和农田面源对污染物入河总量的贡献率较大。

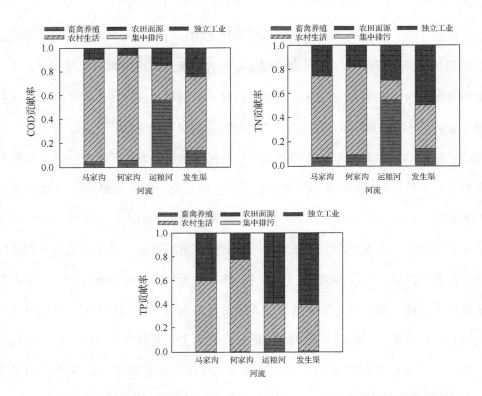

图 3-16　松花江哈尔滨段 4 条汇入支流各污染源 COD、TN 和 TP 对年入河量的贡献率

3.4.3　不确定性分析与敏感性分析

污染物年入河量估算结果的不确定性源于源强系数法中的计算参数（农村生活排污系数、畜禽排污系数和农田排污系数）以及污染物入河系数。而本书在估算污染物年入河量的过程中，参数均引用《全国水环境容量核定技术指南》（中国环境规划院，2003）以及国内外文献中的推荐值，但不同研究区域和学者所提供的参数存在差异，主要是排放源测试结果与地区位置、实验及检测条件等多种因素有关，而选取的参数不同将直接影响年入河量的计算结果。

本书应用 Monte Carlo 模拟方法进行不确定性和敏感性分析，根据《全国水环境容量核定技术指南》确定源强系数法参数和入河系数的不确定度，基于参数的概率密度分布,以 95%置信区间计算不确定性的范围,并对计算参数的敏感性进行分析(运行 100000 次)。松花江哈尔滨段 4 条汇入支流污染物年入河量估算各计算参数敏感度,结果如图 3-17 所示。松花江哈尔滨段 4 条汇入支流不同类型河流影响污染物年入河量的主控环境因子存在差异,城区河流(马家沟和何家沟)主要为农村生活污染,即 COD 和 TN 的年入河量主要受农村生活污染年入河系数影响;TP 年入河量受农田排污系数影响较大。城郊河流运粮河主要受农田面源和畜禽养殖污染,即 COD 年入河量受农田面源污染入河系数和畜禽排污系数影响较大;TN 和 TP 年入河量受农田排污系数影响较大。发生渠主要受农田面源和农村生活污染,即 COD 年入河量主要受农田面源污染入河系数影响;TN 年入河量受农村生活污染入河系数影响较大;而 TP 年入河量受农田排污系数影响较大。

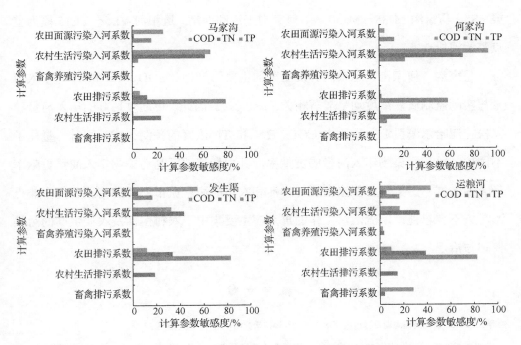

图 3-17 松花江哈尔滨段 4 条汇入支流污染物年入河量估算各计算参数敏感度

3.5 本章小结

松花江哈尔滨段4条汇入支流污染相对严重，从污染物平均浓度来看，各条河流污染程度为马家沟>何家沟>发生渠>运粮河，4条河流氮污染均非常严重，马家沟、何家沟有机污染相对严重，发生渠、运粮河磷污染严重；其水质污染特征存在明显时空分布差异，枯水期污染程度大于丰水期；河流沿程污染情况存在明显差异，发生渠、马家沟、何家沟污染情况均为中上游>下游，运粮河污染情况为中游>上游和下游。水质评价结果表明，4条河流水质污染等级较高，约76.0%的采样点水质类别为V类及以上，约47.9%的采样点水质类别为劣V类及以上，综合水质标识指数为枯水期>丰水期，发生渠、马家沟、何家沟综合水质标识指数为上游>下游，运粮河综合水质标识指数为中游>上游和下游。综合分析结果，发生渠FS5、马家沟MJ35～MJ50段、何家沟干流和西沟、运粮河YL5～YL15段为重点整治河段。

马家沟、何家沟、运粮河和发生渠的主要污染物（COD、TN和TP）年入河量与实际监测质量浓度均呈显著相关（$p<0.01$）。因此，可通过估算的年入河量建立松花江哈尔滨段汇入支流中COD、TN和TP浓度的预测公式。同时，量化了不同控制单元污染物年入河量的贡献率，其中城郊地区是污染物年入河量贡献率最大的区域，污染物主要来自农村生活和农田面源。城市河流的相关研究中非点源污染不容忽视，河流治污工作的重点应主要集中于农村生活及农业生产的污染控制与治理。

参 考 文 献

高学民. 2000. 长江沿程河湖及城市内河水质评价与模拟研究[D]. 北京: 北京大学.

耿润哲, 王晓燕, 焦帅, 等. 2013. 密云水库流域非点源污染负荷估算及特征分析[J]. 环境科学学报, 33(5): 1484-1492.

国务院. 2015. 水污染防治行动计划[EB/OL]. [2021-08-08] http://www.gov.cn/zhengce/content/2015-04/16/content_9613.htm.

李义禄, 张玉虎, 贾海峰, 等. 2014. 苏州古城区水体污染时空分异特征及污染源解析[J]. 环境科学学报, 34(4): 1032-1044.

马放, 姜晓峰, 王立, 等. 2016. 基于 SWAT 模型的阿什河流域非点源污染控制措施[J]. 中国环境科学, 36(2): 610-618.

马广文, 王业耀, 香宝, 等. 2014a. 阿什河丰水期氮污染特征及其来源分析[J]. 环境科学与技术, 37(11): 116-120.

马广文, 王业耀, 香宝, 等. 2014b. 阿什河水系枯水期氮污染特征与同位素源解析[J]. 环境污染与防治, 36(11): 6-11.

马广文, 王业耀, 香宝, 等. 2017. 高纬区阿什河面源氮和磷污染输出特征[J]. 中国环境监测, 33(2): 47-54.

庆旭瑶. 2015. 重庆市主城区次级河流水环境污染特征及评价[D]. 重庆: 重庆工商大学.

阮晓红, 宋世霞, 张瑛. 2002. 非点源污染模型化方法的研究进展及其应用[J]. 人民黄河, 24(11): 25-26.

沈晋. 1992. 环境水文学[M]. 合肥: 安徽科学技术出版社.

胥学鹏, 石敏, 张峥. 2011. 浑河主要污染物入河总量特征分析[J]. 环境保护与循环经济, 31(10): 60-62.

王洪涛, 张俊华, 丁少峰, 等. 2016. 开封城市河流表层沉积物重金属分布、污染来源与风险评估[J]. 环境科学学报, 36(12): 4520-4530.

王力. 2013. 哈尔滨市何家沟污染源调查与综合整治研究[D]. 哈尔滨: 哈尔滨工业大学.

王在峰, 张水燕, 张怀成, 等. 2015. 水质模型与 CMB 相耦合的河流污染源解析技术[J]. 环境工程, 33(2): 135-139.

张倩, 苏保林, 罗运祥, 等. 2013. 城市水环境控制单元污染物入河量估算方法[J]. 环境科学学报, 33(3): 877-884.

赵洁, 徐宗学, 刘星才, 等. 2013. 辽河河流水体污染源解析[J]. 中国环境科学, 33(5): 838-842.

中国环境规划院. 2003. 全国水环境容量核定技术指南[R]. 35-40.

中华人民共和国国家环境保护总局. 2002. 地表水环境质量标准: GB 3838—2002[S]. 北京: 中国环境科学出版社.

DUAN Y, ZHANG Y Z, LI Y F, et al. 2007. Pollution load and environmental risk assessment of livestock manure in Minjiang River Valley[J]. Journal of Ecology and Rural Environment, 23(3): 55-59.

LEE K B, KIM J C, KIM J G, et al. 2005. Assessment of pollutant loads for water enhancement in the Mankyeong River[J]. Korean Journal of Environmental Agriculture, 24(2): 83-90.

LIU R M, ZHANG P P, WANG X J, et al. 2013. Assessment of effects of best management practices on agricultural non-point source pollution in Xiangxi River watershed[J]. Agricultural Water Management, 117: 9-18.

NOVOTNY V, CHESTERS G. 1981. Handbook of Nonpoint Pollution: Sources and Management[M]. NewYork: Van Nostrand Reinhod Company.

ŠTAMBUK-GILJANOVIĆ N. 2006. The pollution load by nitrogen and phosphorus in the Jadro River[J]. Environmental Monitoring Assessment, 123(1/3): 13-30.

TOSHISUKE M, FUMIKAZU N, KAZUO M, et al. 2010. Analysis of the nitrogen pollution load potential from farmland in the Tedori River alluvial fan areas in Japan[J]. Paddy and Water Environment, 8(3): 293-300.

YANG Y H, YAN B X, SHEN W B. 2010. Assessment of point and nonpoint sources pollution in Songhua River Basin, northeast China by using revised water quality model[J]. Chinese Geographical Science, 20(1): 30-36.

第 4 章　松花江汇入支流沉积物中重金属污染特征与来源解析

重金属是水环境中的主要污染物，由于其具有环境持久性、在食物链中的富集传递效应以及对人体健康的危害而受到广泛关注（Birch et al., 2013; Bryan et al., 1992）。进入水环境的重金属的源头可分为自然源和人为源，成土母质的风化和侵蚀等是重金属进入水环境的主要自然源（Haynes et al., 2000），人为源通常包括工业废水、生活污水、农业和农村面源污染及交通排放等（Burgos-Nunez et al., 2017; Li et al., 2004）。河流水体中的重金属元素会不同程度地吸附在悬浮颗粒物上，在重力的作用下沉降至表层沉积物（Lafabrie et al., 2007），当环境条件发生改变时沉积物中的重金属还可被重新释放到水体中去，形成二次污染（Hill et al., 2013）。因此，沉积物常作为河流水体中重金属的"源"和"汇"，是评估水环境重金属污染程度及研究污染成因的理想环境介质（Tuncer et al., 2001; Adams et al., 1992）。

城市化和工业化的快速发展及农业生产资料的大量施用，导致重金属随着废污水的排放以及地表径流等输入路径进入河流水体，从而对人类健康和生态环境系统造成潜在风险（Ma et al., 2015）。目前，水环境污染与水生态安全问题已成为影响生态环境质量和制约经济社会协调可持续发展的瓶颈。为了保护生态环境和避免重金属对人类健康造成威胁，我国已建立了一系列重金属污染管理和控制的法规和措施，如《重金属污染综合防治"十二五"规划》等，特别是 2016 年颁布的中央一号文件明确要求对重金属污染区、生态严重退化地区开展综合治理。自 20 世纪 80 年代以来，我国学者针对珠江、长江、辽河、松花江等流域的重金属污染问题开展了大量研究工作（Jiang et al., 2013a; Lin et al., 2013; Lin et al., 2008; 李健等，1989），并在污染特征识别、来源解析及风险评估等方面取得了一系列研究成果。Cao 等（2018）的研究结果表明，中国主要河流沉积物中重金属浓度呈现由北向南逐渐增加的趋势。目前，学者已建立了 Nemerow 综合污染指数（Nemerow, 1974）、地累积指数（Müller, 1969）和潜在生态风险指数（Hakanson, 1980）等用于评估重金属污染的有效方法。尽管这些评估方法已经得到广泛应用，但受各评价方法自身的局限，无法系统和全面地评估重金属的综合污染特征。因此，将几种评估方法联合使用可以达到相互补充和完善的目的（Jamshidi-Zanjani et al., 2013）。此外，多元统计分析方法[如相关分析，主成分分析（principal components analysis, PCA）和聚类分析（cluster analysis, CA）] 也常用于识别重金属污染来源问题（Zhang et al., 2018; Mamat et al., 2016）。

哈尔滨市作为松花江干流沿岸的重要城市，是我国重要的装备制造业和商品粮生产基地。哈尔滨市辖区内超过十余条河流流经中心城区并汇入松花江，其中马家沟和运粮河分别为流经城市区域和农村区域的代表性河流，东风沟、庙台沟和怀家沟为流经哈尔滨市郊区的代表性河流。随着城市化与工业化进程的加快、人口的快速增长以及农业生产资料的大量施用，这些河流均受到了不同程度的污染，同时也可能存在着各自独特的污染特征。与郊区及农村河流相比，城市河流往往具有较高的重金属污染水平（Zhang et al., 2017），但这种城市-郊区/农村的空间分布格局会随着城市化进程的不断加快而日趋模糊。此外，与城区及农村河流相比，我国东北地区的城郊区域拥有人口密度相对较高、污水排放设施不完善、耕地面积较大且伴随化肥农药使用量大等普遍特征，这直接促使河流污染特征的复杂性日益增加（Islam et al., 2015; Jiang et al., 2013b）。但目前针对我国北方高寒地区城市不同功能区内典型中小型河流重金属空间分布特征、可能来源及生态风险的对比研究则相对较少。因此，本章的主要目的在于揭示不同城市功能区河流表层沉积物中重金属的浓度水平与空间分布特征，评估重金属的污染水平和潜在生态风险，耦合 Pearson 相关分析与 PCA 来解析重金属污染的可能来源。

4.1 研究区域概况

研究区域受温带大陆性季风气候影响，1 月平均气温-19℃，7 月平均气温 23℃，全年平均气温 3.5℃，降水主要集中于 6～8 月。马家沟（126°41′E～126°43′E，45°32′N～45°49′N）流经哈尔滨市主城区，依据城市功能区域划分，可将马家沟划分为市区段（mUR，M1～M5）、工业区段（mIZ，M6～M8）和郊区段（mSU，M9～M12）。运粮河（126°17′E～126°38′E，45°30′N～45°41′N）为典型农村河流，流域范围内除农业种植区外仅有部分村落，因此将运粮河采样区全部划分为农村段（yRU，Y1～Y6）。两条河流均为松花江一级汇入支流。东风沟、庙台沟和怀家沟位于哈尔滨市东部城郊地区，属松花江流域阿什河水系。怀家沟和庙台沟位于阿什河左岸，东风沟位于右岸，均为阿什河的一级支流和松花江的二级支流；按距离市区的远近划分，依次为阿什河上游左岸支流怀家沟，中游左岸支流庙台沟及下游右岸支流东风沟。

4.2 样 品 采 集

表层沉积物样品采集于 2017 年 10 月，其中马家沟采集样品 12 个（M1～M12）、运粮河采集样品 6 个（Y1～Y6）、东风沟采集样品 7 个（D1～D7）、庙台沟采集样品 7 个（MT1～MT7）、怀家沟采集样品 3 个（H1～H3），采样点分布见图 4-1。在各采样点处分别布设 3 个分样点（相邻分样点间隔 30 m），使用抓斗式采样器采集 0～10 cm 表层沉积物，然后均匀混合成一份样品，静置后倒掉上覆水，置于清洁的塑料密封袋中保存，并尽快将样品运回东北农业大学国际持久性有毒物质联合研究中心（International Joint Research Center for Persistent Toxic Substances, IJRC-PTS）实验室冷冻储存待测。

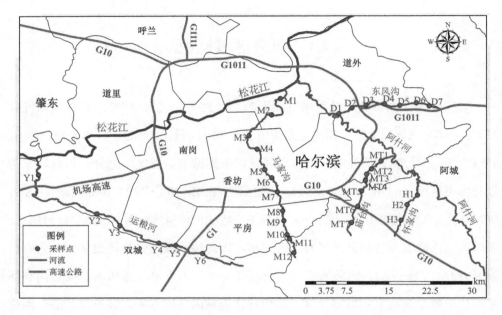

图 4-1　松花江哈尔滨段典型汇入支流采样点分布图

4.3　重金属浓度特征

4.3.1　城市支流与农村支流重金属浓度特征

松花江哈尔滨段城市支流（马家沟）与农村支流（运粮河）表层沉积物中重金属浓度［均以干重（dw）计，下同］见图 4-2。其中，马家沟表层沉积物重金属浓度范围为：Cu（4.00～82.54 mg/kg）、Cr（75.12～203.15 mg/kg）、Zn（128.17～1416.71 mg/kg）、Pb（8.86～57.49 mg/kg）、Ni（7.91～30.38 mg/kg）、Cd（0.08～4.08 mg/kg）。平均浓度呈 Zn（358.54 mg/kg）＞ Cr（107.37 mg/kg）＞ Cu（28.05 mg/kg）＞ Pb（26.98 mg/kg）＞ Ni（17.82 mg/kg）＞ Cd（0.76 mg/kg）的趋势，其中 Zn 浓度显著高于环境背景值（$p < 0.05$），而 Ni 浓度明显低于环境背

景值（$p < 0.05$），其余 4 种重金属与环境背景值相比无显著差异（$p > 0.05$）。运粮河表层沉积物重金属浓度范围为：Cu（15.75～22.29 mg/kg）、Cr（53.65～81.92 mg/kg）、Zn（113.23～2474.05 mg/kg）、Pb（9.13～114.42 mg/kg）、Ni（ND～13.11 mg/kg）、Cd（ND～4.29 mg/kg）。其中 Cd（1.83 mg/kg）和 Zn（861.63 mg/kg）的平均浓度分别为环境背景值的 9.15 倍和 8.62 倍。表 4-1 列举了国内外部分河流表层沉积物中重金属的浓度情况。与我国重金属污染极为严重的湘江相比（Li et al., 2018; Chai et al., 2017），除运粮河 Zn（861.63 mg/kg）的平均浓度高于湘江外，马家沟和运粮河表层沉积物中所监测的重金属平均浓度均明显低于湘江（$p < 0.01$）。Pb 和 Ni 的平均浓度明显低于西班牙的 Louro River（Filgueiras et al., 2004）、澳大利亚的 Gorges River（Alyazichi et al., 2017）以及法国的 Gironde Estuary（Larrose et al., 2010）等国外部分受重金属污染较为严重的河流。值得注意的是，马家沟和运粮河表层沉积物中 Cd 和 Zn 的浓度明显高于国内部分河流（$p < 0.05$），其平均浓度为长江（An et al., 2009）和黄河（Tuncer et al., 2001）的 4～20 倍。此外，马家沟 Cr 的浓度也明显偏高，但其浓度与松花江干流沉积物相近（Li et al., 2017），冬季大面积燃煤供暖可能是造成 Cr 浓度偏高的重要原因。

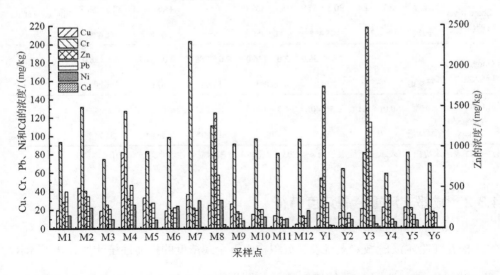

图 4-2 松花江哈尔滨段城市支流（马家沟）与农村支流（运粮河）表层沉积物中重金属浓度

表 4-1 松花江哈尔滨段城市支流与农村支流重金属浓度与其他研究区域的对比

（单位：mg/kg）

研究区域		Cd	Cu	Cr	Zn	Pb	Ni	来源
马家沟	范围	0.08~4.1	4.0~82.5	75.1~203.2	128.2~1416.7	8.9~57.5	7.9~30.4	本章
	平均值	0.8	28.1	107.4	358.5	27.0	17.8	
运粮河	范围	ND~4.3	15.8~22.5	53.7~81.9	113.2~2474.1	9.3~114.4	ND~13.1	本章
	平均值	1.8	19.5	68.2	861.6	32.8	8.2	
湘江	范围	4.25~31.2	24.6~250.1	67.9~170.0	30.7~1009.7	25.5~672.3	16.0~187.2	Chai et al., 2017
	平均值	13.7**	101.4**	120.4**	443.3	214.9**	57.1**	
湘江	范围	1.69~15.64	18.6~78.4	31.9~88.9	71.5~397.3	23.8~104.7	—	Li et al., 2018
	平均值	6.8**	45.2**	52.7**	221.6	66.1**		
长江	范围	0.06~0.3	11.7~46.6	10.5~113.0	44.5~125.0	14.8~32.7		An et al., 2009
	平均值	0.2*	28.0	52.1**	77.6*	21.9		
黄河	范围	ND~0.25	7.0~261.0	42.6~132.0	41.8~114.0	4.3~42.5	15.0~39.6	Yan et al., 2016
	平均值	0.1*	40.7**	62.4**	68.4**	15.2*	23.6**	
松花江	平均值	0.3	13.3*	121.4**	92.5*	18.8	12.9	Li et al., 2017
Louro River（西班牙）	范围	0.37~1.4	30.5~55.9	78.1~139.0	—	43.6~91.1	32.5~60.7	Filgueiras et al., 2004
	平均值	0.7	45.4**	108.0**		61.8**	46.4**	
Gorges River（澳大利亚）	范围	—	2.0~138.0	3.0~126.0	7.0~788.0	3.0~267.0	0.7~38.0	Alyazichi et al., 2017
	平均值	—	30.0	39.0**	157.0*	67.0**	13.0	
Gironde Estuary（法国）	范围	0.01~2.1	0.5~40.1	1.3~140.0	4.0~323.0	5.0~83.8	0.9~48.4	Larrose et al., 2010
	平均值	0.5	24.5	78.4	168*	46.8**	31.7**	

注：ND 表示未检出；*表示显著性水平为 $p < 0.05$（双侧）；**表示显著性水平为 $p < 0.01$（双侧）。

4.3.2 城郊支流重金属浓度特征

松花江哈尔滨段城郊支流表层沉积物中重金属浓度的描述性统计如表 4-2 所示，Cd、Cr、Ni、Cu、Pb 和 Zn 的浓度范围分别为 0.1~2.1 mg/kg、55.5~158.5 mg/kg、

1.9~22.6 mg/kg、12.0~47.3 mg/kg，ND~370.1 mg/kg 和 158.5~6008.6 mg/kg。总体而言，Zn、Cd、Cr 和 Cu 的浓度显著高于环境背景值（$p < 0.05$），而 Ni 和 Pb 的浓度与环境背景值无显著差异。本章还将研究区域表层沉积物中重金属的浓度水平与其他研究区域进行了对比，结果见表 4-3。城郊支流 Cr 的浓度显著高于流经哈尔滨市市区的马家沟（$p < 0.05$），而 Cu 和 Ni 的浓度显著低于马家沟（$p < 0.05$）；Cr 和 Ni 的浓度显著低于松花江（$p < 0.01$）（Li et al., 2020），而 Cu 和 Zn 的浓度显著高于松花江（$p < 0.05$），由于这三条河流均是松花江的二级支流，其重金属污染将会影响松花江水质状况。此外，松花江作为流域内重要的灌溉水源及沿岸居民的饮用水源，虽然 Cu 和 Zn 是生物体代谢所必需的微量元素，但仍应注意高浓度的 Cu 和 Zn 对作物生长以及人体健康的不利影响。总体而言，与全国水系相比，松花江哈尔滨段城郊支流 Zn、Cu、Cr 和 Cd 的浓度显著高于全国水系的平均水平（$p < 0.05$）（Chen et al., 2016），但其浓度远低于位于城市化和工业化均较为发达的珠江三角洲地区（$p < 0.01$），而 Zn 的浓度却是珠江三角洲地区的 2.5 倍（Zhang et al., 2017），这表明经济社会发展速度、人类活动强度与区域水环境中污染物浓度显著相关，但仍受到本地排放源的影响，即水环境污染问题具有显著的区域特色。因此，研究区域表层沉积物中重金属的污染问题不容忽视，其成因可能与郊区人类活动的巨大影响以及研究区域污染源的高度多样性和复杂性有关。

表 4-2 松花江哈尔滨段城郊支流表层沉积物中重金属浓度的描述性统计

河流		Cd	Cr	Ni	Cu	Pb	Zn
东风沟	Min	0.1	56.7	3.4	13.4	1.0	190.7
	Max	0.5	158.5	19.3	46.2	23.6	887.4
	Mean	0.2	98.0	11.2	27.7	12.4	395.9
	SD	0.1	34.4	4.7	11.5	7.1	282.0
	Cv/%	67.0	35.0	42.0	41.0	57.0	71.0

续表

河流		Cd	Cr	Ni	Cu	Pb	Zn
庙台沟	Min	0.4	72.9	12.1	19.3	ND	158.5
	Max	0.9	94.0	22.6	47.3	370.1	6008.6
	Mean	0.6	82.2	15.4	27.7	76.6	2134.8
	SD	0.2	7.3	3.8	11.3	134.4	2601.2
	Cv/%	26.0	9.0	25.0	41.0	175.0	122.0
怀家沟	Min	0.6	55.5	1.9	12.0	12.4	592.4
	Max	2.1	63.5	8.9	21.3	22.3	1378.6
	Mean	1.1	59.2	4.6	16.1	18.8	887.7
	SD	0.8	4.0	3.8	4.8	5.6	428.1
	Cv/%	74.0	7.0	83.0	30.0	30.0	48.0
	Min	0.1	55.5	1.9	12.0	ND	158.5
	Max	2.1	158.5	22.6	47.3	370.1	6008.6
	Mean	0.5	84.6	11.8	25.6	40.0	1198.7
	SD	0.5	25.9	5.6	11.0	88.3	1809.3
	Cv/%	91.0	31.0	48.0	43.0	221.0	151.0
背景值（中国环境监测总站，1990）		0.086	58.6	22.8	20	24.2	70.7

注：Min 表示最小值；Max 表示最大值；Mean 表示平均值；SD 表示标准差；Cv 表示变异系数(%)；ND 表示未检出。表中所有浓度单位均以 mg/kg 计。

表 4-3 松花江哈尔滨段城郊支流重金属浓度与其他研究区域的对比情况

（单位：mg/kg）

地区	采样点数量	Cd	Cr	Ni	Cu	Pb	Zn	来源
哈尔滨城郊河流	17 个	0.5	84.6	11.8	25.6	40.0	1198.7	本章
马家沟	12 个	0.8*	107.4*	17.8**	28.1	27.0	358.5	本章
松花江	14 个	0.3	64.0**	22.7**	14.6**	16.8	175.8*	Li et al. (2020)
珠江	5 个	3.8**	180.6**	106.4**	182.5**	150.6**	487.1**	Zhang et al. (2017)
全国水系	34478 个	0.14*	38*	—	21*	25	68*	Chen et al. (2016)

注：*表示显著性水平为 $p<0.05$（双侧）；**表示显著性水平为 $p<0.01$（双侧）。

4.4 重金属空间分布特征

4.4.1 城市支流与农村支流重金属空间分布特征

松花江哈尔滨段城市支流（马家沟）与农村支流（运粮河）6 种重金属的平均浓度如图 4-3 所示，各采样区段表层沉积物中重金属平均浓度差异较为明显。马家沟工业区段（mIZ）Cr 和 Ni 的平均浓度明显高于其他研究区段（$p < 0.05$）；Cu 与 Pb 平均浓度的最大值出现在马家沟市区段（mUR），而 Zn 平均浓度的最大值出现在运粮河农村段（yRU）。除 Cr 和 Ni 外，运粮河重金属平均浓度要高于马家沟郊区段（mSU）。研究区域内 Ni 的平均浓度均未超过全国土壤环境背景值，表明人类活动对其影响甚微，其成土母质的不同可能是造成浓度稍有差异的主要原因。从整体来看，马家沟市区段与工业区段的重金属平均浓度要高于郊区段和

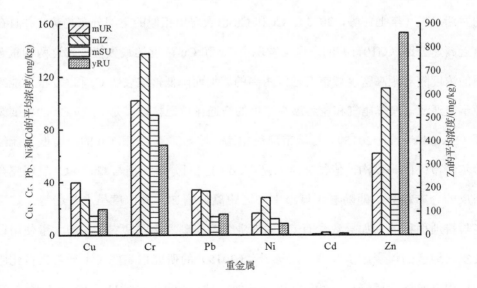

图 4-3 松花江哈尔滨段城市支流与农村支流各研究区段 6 种重金属的平均浓度

运粮河农村段，这与 Li 等（2014）的研究结果相似，即城市化过程不仅影响重金属的浓度，也会影响其空间分布格局。重金属浓度随着距城市中心区距离的增加而趋于降低，唯有 Zn 的平均浓度呈现出了相反的变化趋势，在农村支流（运粮河农村段）浓度最高，表明农业生产资料的大量施用可能是 Zn 的主要来源，但同时也可能受到点源排放的影响。因此，识别出区域重金属污染来源对污染控制与水环境质量的提高至关重要。

4.4.2 城郊支流重金属空间分布特征

松花江哈尔滨段城郊支流表层沉积物中 6 种重金属浓度的空间分布情况见图 4-4，Ni、Pb 和 Zn 的最大浓度均出现在庙台沟。此外，Pb 和 Zn 的空间分布相似，即目标研究河流 Pb 和 Zn 的平均浓度均呈现出东风沟<怀家沟<庙台沟的趋势（$p < 0.05$），其中庙台沟 Pb 和 Zn 浓度分别是东风沟 Pb 和 Zn 浓度的 6.2 倍和 5.4 倍。Zn 和 Pb 浓度的最高值均出现在监测点 MT6，可能是由于该采样点存在大量的生活垃圾（李七伟等，2013）。Cr 和 Cu 也表现出相似的空间分布趋势，并且在靠近高速公路（G1011）的东风沟发现了 Cr 和 Cu 浓度的最大值，且这两种重金属的浓度随着距高密度城市交通区距离的增加而降低，这表明 Cr 和 Cu 很可能来源于交通源。汽车尾气和轮胎磨损产生的交通排放已被证实是 Cr 和 Cu 的主要来源（Świetlik et al., 2015）。与城市河流相比，城郊河流 Cr 和 Cu 的浓度低于流经哈尔滨市区的马家沟。值得注意的是，Cd 的空间分布特征与 Cu 和 Cr 呈现完全相反的分布趋势，即随着距城市中心区距离的增加，其浓度呈上升趋势，这可能与耕地面积的增加导致含有 Cd 的农业生产资料（化肥和农药）的大量使用以及农村地区的煤炭燃烧有关。Zeng 等（2015）的研究也表明 Cd 通常来自化肥的使用以及煤炭燃烧。Zn 和 Pb 以及其他 4 种重金属（Cr、Cu、Ni 和 Cd）的空间分布分别属强变异（Cv > 100%）和中等变异（10%< Cv <100%）水平。Zn 和

Pb 表现出较大的空间变异性，这可能是由点源排放所引起的。相反，Cr、Cu、Ni 和 Cd 表现出相对较低的空间变异性，这可能与研究区域内重金属的扩散特征或地质成因有关。因此，人类活动（包括农业生产、化石燃料的燃烧和沿岸垃圾堆放）可能是导致城郊河流沉积物中重金属浓度产生空间差异的主要因素（Ke et al., 2017）。

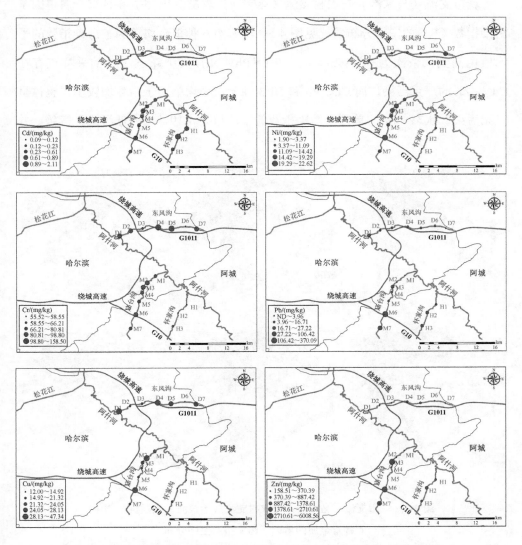

图 4-4 松花江哈尔滨段城郊支流表层沉积物中 6 种重金属浓度的空间分布

4.5 重金属污染等级

4.5.1 单一重金属元素污染等级

城市支流（马家沟）与农村支流（运粮河）表层沉积物中 6 种重金属单因子污染指数（P_i）的空间分布情况见图 4-5。马家沟 6 种重金属单因子污染指数的平均值由高到低依次为 Cd > Zn > Cr > Cu > Pb > Ni，其中超过 30%的采样点存在 Cd 与 Zn 的严重污染，而 Cu、Pb 和 Ni 3 种元素平均单因子指数均较小，整体呈"无污染"状态。Cr 的单因子污染指数的平均值为 1.19，属"低污染"等级，并

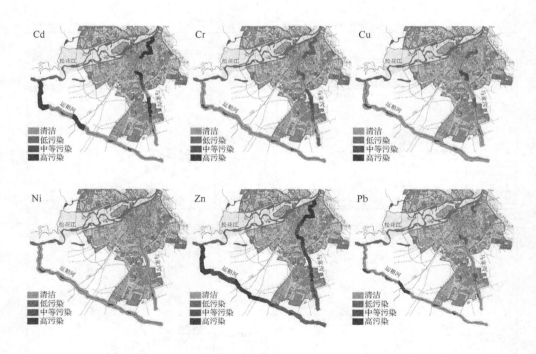

图 4-5　城市支流（马家沟）与农村支流（运浪河）表层沉积物中
6 种重金属的单因子污染指数空间分布

且 Cr 元素的变异系数也相对较低（32%），其污染可能主要来源于面源污染；而运粮河表层沉积物重金属污染情况要优于马家沟，表层沉积物中仅 Cd 与 Zn 的污染指数较高，其平均单因子污染指数分别达到 6.11 与 8.61，属"高污染"等级，研究区域内未受到其余 4 种重金属的污染。但仍需特别注意运粮河部分采样点的 Cd 污染问题，如 Y1 和 Y3 处 Cd 的单因子污染指数分别达到了 14.0 和 21.5，属于"高污染"等级，但是其他采样点均处于"无污染"状态，因此 Y1 和 Y3 处的 Cd 污染问题可能是点源排放所致。

松花江哈尔滨段城郊支流表层沉积物中 6 种重金属单因子污染指数（P_i）的空间分布见图 4-6。6 种重金属单因子污染指数的平均值由高到低依次为 Zn > Cd > Pb > Cr > Cu > Ni，与城市支流（马家沟）和农村支流（运粮河）相比，城郊支流 Zn 和 Pb 的污染程度明显升高，表明城郊地区 Zn 和 Pb 来源的复杂性。所有采样点均受到了不同程度的 Zn 污染，超过 78%的郊区河流采样点 Zn 的单因子污染指数大于 3，被定义为"高污染"等级，尤其是在庙台沟 MT3 和 MT6 处，Zn 的单因子污染指数分别达到了 76.0 和 85.0。庙台沟和怀家沟 Cd 的单因子污染指数明显高于东风沟（$p < 0.05$），均已达到了"高污染"等级，而东风沟除 D1 和 D3 分别处于"中等污染"和"高污染"等级外，其他采样点均处于"低污染"等级。需要注意的是，东风沟流域范围内农田所占比例远低于庙台沟和怀家沟，因此农业生产活动可能是郊区河流 Cd 污染的重要来源。其他 4 种重金属元素除 Pb 在 MT6 处属"高污染"等级和 Cu 在 D1 和 M2 处，以及 Cr 在 D4 和 D5 处于"中等污染"等级外，哈尔滨市城郊河流并未受到 Cu、Cr、Pb 和 Ni 的明显污染，特别是所有采样点处 Ni 的单因子污染指数均小于 1，表明其很可能来源于自然源。

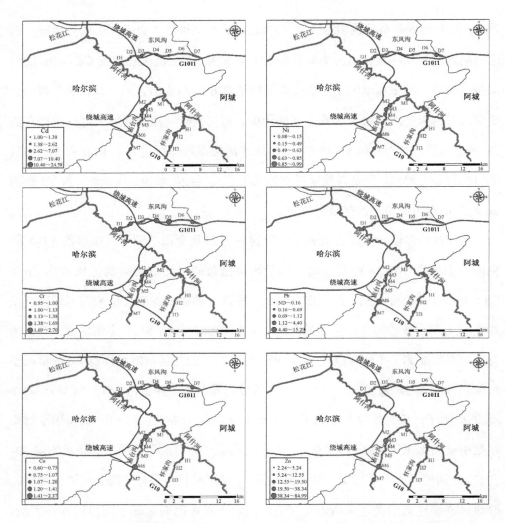

图 4-6 松花江哈尔滨段城郊支流表层沉积物中 6 种重金属的单因子污染指数空间分布

4.5.2 重金属综合污染等级

由于单因子污染指数法自身的局限性,其更适合用于仅受单一污染物影响的研究区域。实际上,衡量特定研究区域的环境质量或污染程度,通常需要考虑复合污染状况来进行综合评价,因此本章应用 Nemerow 综合污染指数(P_N)法分析表层沉积物中 6 种重金属元素的综合污染状况。结果表明,所有目标研究河流均呈现不同程度的重金属污染现象（图4-7）。其中，马家沟（城市支流）近60%的采样点处于"中等污染"等级，特别是位于工业区段的采样点M8，其P_N值达到了15.2，属"高污染"等级。由此可见，工农业生产和人类活动已对马家沟水环境造成了严重影响，其中工业污染对其贡献程度最高。运粮河（农村支流）的重金属污染存在明显的区域差异，虽然运粮河流域范围内无大型工业集中区，但是位于村屯附近的Y1与Y3采样点，其P_N值分别为13.0与18.5，属于"高污染"等级，而运粮河其他采样点的P_N值均小于2.5，均处于"低污染"等级，表明采样点Y1与Y3的污染可能受点源排放的影响。相比于城市支流和农村支流，城郊支流的重金属污染现象更为明显，超过88%的采样点被定义为"中等污染"等级或"高污染"等级，这主要是由Cd和Zn的毒性和高浓度综合造成的。特别是庙台沟采样点MT3和MT6，其P_N值分别达到了54.7和61.6，是城市支流综合污染指数最大值的3~4倍。

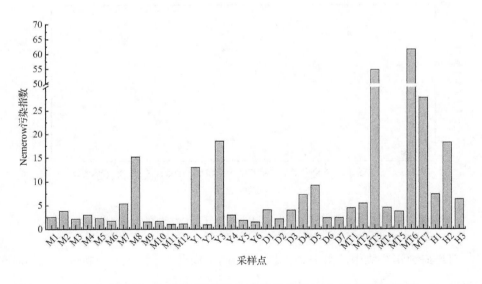

图4-7 松花江哈尔滨段典型汇入支流重金属Nemerow污染指数

4.6 潜在生态风险

本章应用潜在生态风险指数法对松花江哈尔滨段典型一级支流和二级支流表层沉积物的重金属污染情况做出定量评价，各采样点单一生态风险指数（E_i）与潜在生态风险指数（RI）见图 4-8。

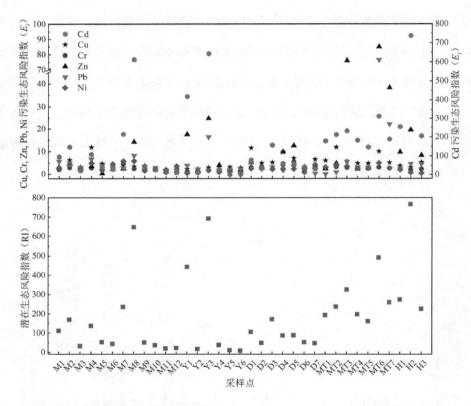

图 4-8 表层沉积物重金属单一生态风险指数（E_i）与潜在生态风险指数（RI）

目标研究污染物中，由于 Cd 具有较高的生物毒性，汇入支流超过 80%的潜在生态风险可归因于 Cd 污染（图 4-9）。根据 E_i 的评价结果，研究区各重金属的平均 E_i 值呈 Cd > Zn > Pb > Cu > Ni > Cr 的趋势。约 70%采样点 Cd 的 E_i 值大于 30，存在中等或中等以上生态风险。与 Cd 相关的生态风险在 M8（$E_i = 612.7$）、Y1（$E_i = 418.5$）、Y3（$E_i = 644$）、MT6（$E_i = 312.0$）、H1（$E_i = 254.7$）和 H2（$E_i = 737.3$）处尤为显著，已达到"严重风险"等级。其他 5 种重金属污染（Zn、Pb、Ni、Cr 和 Cu）所造成的潜在生态风险相对较低。但是，部分采样点的生态风险也与 Zn 和 Pb 有关，例如 MT6（$E_i = 76.5$）处的 Pb 以及 MT3（$E_i = 76.0$）和 MT6（$E_i = 85.0$）处的 Zn 污染被定义为"高风险"等级，而 MT7 处的 Zn 污染（$E_i = 38.3$）为"中等风险"等级。

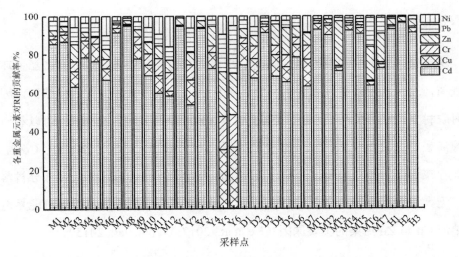

图 4-9　各采样点 6 种重金属对潜在生态风险指数（RI）的贡献率

城市、农村与城郊支流表层沉积物 RI 的平均值分别为 130.41、201.91 和 219.9，均处于"高风险"等级。其中，3 条城郊支流的 RI 值呈现怀家沟（RI = 422.6）>庙台沟（RI = 266.6）>东风沟（RI = 86.3）的趋势，其中怀家沟和庙台沟处于"极高风险"等级，而东风沟则为"中等风险"等级。工业废水和生活污水的排放可能是导致马家沟呈现"高风险"等级的主要因素。尽管运粮河主要流经农村区域，但沉积物中较高的 Cd 浓度明显提高了整体的 RI 值，尤其以 Y1 和 Y3 处较为显著。沉积物既可以作为河流系统中重金属的"汇"，还可作为重金属的二次排放源。

鉴于运粮河作为松花江一级支流，也是沿岸农业生产灌溉的重要水源，其水环境质量将会直接影响松花江流域居民的饮用水及灌溉用水安全。当水环境条件改变时，赋存在 Y1 和 Y3 处的 Cd 重新释放到水体中的可能性会有所提高，这可能会引发涉及与食物链暴露相关的潜在人体健康风险，因此仍应重视河流水环境中 Cd 的污染。

4.7 重金属来源解析

4.7.1 农村支流

鉴于运粮河表层沉积物中除 Zn 和 Cd 外，其他 4 种重金属浓度并未超过环境背景值，表明其并未受到人为活动的显著影响，其污染来源主要为自然源，因此针对农村支流仅分析污染程度较高的 Zn 和 Cd 的潜在来源。由表 4-4 可以看出，运粮河表层沉积物中 Cd 与 Zn 浓度显著相关（$R = 0.997, p < 0.01$），表明 Cd 与 Zn 可能存在相似的污染来源。运粮河流域范围内，除农业种植区外仅有部分村落分布，无大型工厂等涉污企业，农业生产过程中农药及化肥的大量施用可能是造成运粮河 Cd 与 Zn 污染的主要原因（Ke et al., 2017; Wang et al., 2015）。

表 4-4　运粮河表层沉积物中 6 种重金属相关性

	Cu	Cr	Zn	Pb	Ni	Cd
Cu	1					
Cr	0.582	1				
Zn	−0.143	0.112	1			
Pb	−0.771	−0.501	0.224	1		
Ni	0.298	0.668	0.343	−0.606	1	
Cd	−0.182	0.129	0.997**	0.225	0.376	1

注：**表示在 0.01 水平（双侧）上显著相关。

4.7.2 城市支流

由表 4-5 可知,马家沟沉积物中 Ni 与 Cr ($R = 0.74, p < 0.01$)、Pb 与 Zn ($R = 0.79, p < 0.01$) 和 Cd ($R = 0.73, p < 0.01$) 均显著相关。结果表明,马家沟表层沉积物中的污染物可能来自相似的排放源,或至少在空间上存在类似污染源。虽然 Pearson 相关分析可以用来推断重金属的可能来源,但考虑到河流环境的复杂性,该方法仅作为初步分析。马家沟作为哈尔滨的城市内河,其污染来源相对于运粮河(农村支流)较为复杂,因此,本章应用主成分分析(PCA)法对马家沟的重金属污染进行来源解析,提取累计方差贡献率大于 90% 的前 3 个主成分,其特征值分别为 3.52、1.37 和 0.85,各因子荷载分布见图 4-10。

表 4-5 马家沟表层沉积物中 6 种重金属相关性

	Cu	Cr	Zn	Pb	Ni	Cd
Cu	1					
Cr	0.454	1				
Zn	0.125	0.102	1			
Pb	0.539	0.164	0.794**	1		
Ni	0.401	0.741**	0.529	0.53	1	
Cd	0.157	0.369	0.950**	0.727**	0.677*	1

注:*表示在 0.05 水平(双侧)上显著相关;**表示在 0.01 水平(双侧)上显著相关。

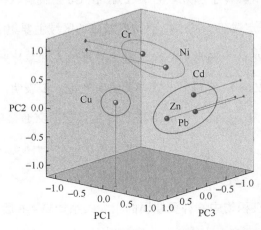

图 4-10 马家沟表层沉积物重金属的因子载荷图

主成分 1（PC1）解释了总方差的 58.6%，在 Zn、Cd 和 Pb 上拥有较高的正载荷（>0.8），与 Pearson 相关分析结果一致。PC1 可能主要来自工业活动，由于哈尔滨市作为我国东北老工业基地的重要城市，其装备制造业基础雄厚且比较成熟。相关研究表明，Zn 主要来源于化工企业的污水、含 Zn 矿物的加工、金属机械仪器的生产制造以及城市交通带来的轮胎磨损（Guan et al., 2018）；Cd 主要来源于电子、印染、电镀以及化工行业（Cui et al., 2014）；Pb 来源于含铅矿物的工业利用以及化石燃料的燃烧。以上 3 种重金属元素主要集中在马家沟的工业区段，其次位于市区段，且污染较为严重的采样点 M7 与 M8 附近存在大量的机械与电力设备制造厂，这进一步证实了该推断。

主成分 2（PC2）解释了总方差的 22.8%，在 Ni 与 Cr 上拥有较高荷载，与 Pearson 相关分析的结果一致，Ni 与 Cr 之间有明显的相关性（$R = 0.741, p < 0.01$）。矿物风化可能是导致沉积物 Ni 与 Cr 积累的自然因素（Ke et al., 2017; Liang et al., 2017）。此外，Tang 等（2011）对哈尔滨大气中重金属沉降特征的研究表明，Cr 具有较高的大气沉降通量，且 Cr 多产生于燃煤灰尘，推测 PC2 主要代表燃煤排放与自然源。

主成分 3（PC3）解释了总方差的 14.2%，在 Cu 上拥有较高的正载荷（>0.9），同时在 Pb 上也有一定载荷（>0.5），且浓度较高的区域主要集中于市区内。已有研究结果表明，Cu 与 Pb 的来源常见于汽车尾气的排放及刹车片磨损（Pan et al., 2017; Hjortenkrans et al., 2006）。易成等（2013）的研究进一步表明，哈尔滨市主要街道旁土壤中 Cu 与 Pb 浓度较高，因此推测 PC3 主要代表交通排放源。

4.7.3 城郊支流

城郊支流表层沉积物中 6 种重金属的相关关系如表 4-6 所示。Cu 与 Cr（$R = 0.59, p < 0.01$）、Cu 与 Ni（$R = 0.55, p < 0.05$），以及 Zn 与 Pb（$R = 0.76, p < 0.01$）

间的显著相关性表明这几种重金属元素具有相似的地球化学特征或污染来源。但 Cd 与其他 5 种重金属之间均无显著相关性，表明 Cd 可能存在特殊来源。此外，本章应用主成分分析（PCA）法对城郊河流表层沉积物中重金属的来源进一步解析，各因子荷载分布见图 4-11。

表 4-6　城郊支流表层沉积物中 6 种重金属的相关性

	Cd	Cr	Ni	Cu	Pb	Zn
Cd	1					
Cr	−0.36	1				
Ni	−0.18	0.43	1			
Cu	−0.04	0.59**	0.55*	1		
Pb	0.22	−0.01	0.43	0.16	1	
Zn	0.30	−0.02	0.38	0.00	0.76**	1

注：*表示在 0.05 水平（双侧）上显著相关；**表示在 0.01 水平（双侧）上显著相关。

主成分 1（PC1）的累计贡献率最高，解释了总方差的 41.4%，包括 Pb 和 Zn（与 Pearson 相关性分析一致；表 4-6）。Pb 和 Zn 很可能来自固体废物及农药和肥料的应用，以及汽车轮胎、刹车片和车辆润滑剂的添加剂（Li et al., 2020; Bressi et al., 2014; Wuana et al., 2011），同时生活垃圾的随意堆放也可导致 Pb 和 Zn 通过径流等方式进入河流环境（李七伟等，2013）。因此，可以将 PC1 视为包括生活、农业和交通源在内的复合源。

主成分 2（PC2）解释了总方差的 31.8%，在 Cr、Cu 和 Ni 上有较高荷载。车辆部件的磨损以及汽车尾气排放可能导致 Cr 和 Cu 进入自然环境（Świetlik et al., 2015; Li et al., 2004），而研究区域 Ni 的浓度低于环境背景值，表明其为自然源。因此，推断 PC2 为自然源和交通源。

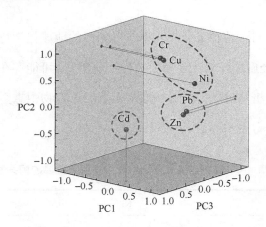

图 4-11 城郊支流表层沉积物重金属的因子载荷图

主成分 3（PC3）解释了总方差的 9.5%，在 Cd 上有较高荷载，但特征值小于 1。如果仅提取两个主成分（根据特征值大于 1），则 Zn、Pb 与 Cd 将被分配到同一组，但是这 3 种重金属之间无显著相关性（表 4-6）。Xia 等（2020）指出，应用多种来源解析方法得出结果不一致的原因可能是目标污染物存在特殊来源。因此，尽管 PC3 的特征值小于 1，但仍认为该主成分可单独代表一个潜在来源。Cd 浓度较高的采样点主要集中在怀家沟和庙台沟，其农业用地占很大比例。研究表明，Cd 通常与过量使用化肥以及农村或农业地区的煤炭燃烧有关（Ke et al., 2017; Zeng et al., 2015; Zhao et al., 2015; Audry et al., 2004）。因此，推测 PC3 主要代表燃煤源和农业源。

4.8 本章小结

本章主要研究了松花江哈尔滨段汇入支流表层沉积物中 6 种重金属的空间分布特征、可能来源及潜在生态风险。结果表明，沉积物中重金属的浓度水平受人类活动影响较大，并且表现出显著的空间异质性特征。城市支流重金属污染的发生率和污染程度高于农村支流，但明显低于城郊支流。城郊支流的重金属污染主要与点源排放、人类活动强度以及落后的城市排污管网建设等因素有关。农村支流的污染主要来自河流沿岸的农业生产活动，因此农业生产管理的优化和控制将会是减少污染输入的最佳措施。然而，对于作为城市内河的马家沟，其与哈尔滨市居民的生产生活密切相关，尤其应重点关注中上游的工业区段，从源头进行污染控制，以防止对马家沟下游水环境产生不利影响。潜在生态风险评估表明，汇入支流的生态风险均处于"高风险"等级，其中 Cd 的 E_i 值显著高于其他 5 种重金属元素（$p < 0.01$），其对 RI 的贡献超过了 80%，为风险管控的首要指标。

参 考 文 献

李健, 郑春江. 1989. 环境背景值数据手册[M]. 北京: 中国环境科学出版社.

李七伟, 周丽娜, 赵晓松. 2013. 生活垃圾堆肥处理对重金属形态的影响[J]. 科技创新导报, 5: 159.

易成, 那晓琳, 付政海, 等. 2013. 哈尔滨市主要街道土壤重金属含量调查[J]. 环境与健康杂志, 30(2): 159-160.

中国环境监测总站. 1990. 中国土壤元素背景值[M]. 北京: 中国环境科学出版社.

ADAMS W J, KIMERLE R A, BARNETT J W. 1992. Sediment quality and aquatic life assessment[J]. Environmental Science and Technology, 26(10): 1864-1875.

ALYAZICHI Y M, JONES B G, MCLEAN E J, et al. 2017. Geochemical assessment of trace element pollution in surface sediments from the Georges River, Southern Sydney, Australia[J]. Archives of Environmental Contamination and Toxicology, 72(2): 247-259.

AN Q, WU Y Q, WANG J H, et al. 2009. Heavy metals and polychlorinated biphenyls in sediments of the Yangtze River Estuary, China[J]. Environmental Earth Sciences, 59(2): 363-370.

AUDRY S, SCHAFER J, BLANC G, et al. 2004. Fifty-year sedimentary record of heavy metal pollution (Cd, Zn, Cu, Pb) in the Lot River reservoirs (France) [J]. Environmental Pollution, 132(3): 413-426.

BIRCH G F, APOSTOLATOS C. 2013. Use of sedimentary metals to predict metal concentrations in black mussel (mytilus galloprovincialis) tissue and risk to human health (Sydney Estuary, Australia) [J]. Environmental Science and Pollution Research, 20(8): 5481-5491.

BRESSI M, SCIARE J, GHERSI V, et al. 2014. Sources and geographical origins of fine aerosols in Paris (France) [J]. Atmospheric Chemistry and Physics, 14(16): 8813-8839.

BRYAN G W, LANGSTON W J. 1992. Bioavailability, accumulation and effects of heavy metals in sediments with special reference to United Kingdom estuaries: a review[J]. Environmental Pollution, 76(2): 89-131.

BURGOS-NUNEZ S, NAVARRO-FROMETA A, MARRUGO-NEGRETE J, et al. 2017. Polycyclic aromatic hydrocarbons and heavy metals in the Cispata Bay, Colombia: a marine tropical ecosystem[J]. Marine Pollution Bulletin, 120 (1-2): 379-386.

CAO Q Q, WANG H, LI Y R, et al. 2018. The national distribution pattern and factors affecting heavy metals in sediments of water systems in China[J]. Soil and Sediment Contamination, 27: 79-97.

CHAI L Y, LI H, YANG Z H, et al. 2017. Heavy metals and metalloids in the surface sediments of the Xiangjiang river, Hunan, China: distribution, contamination, and ecological risk assessment[J]. Environmental Science and Pollution Research, 24(1): 874-885.

CHEN H Y, CHEN R H, TENG Y G, et al. 2016. Contamination characteristics, ecological risk and source identification of trace metals in sediments of the Le'an River (China) [J]. Ecotoxicology and Environmental Safety, 125: 85-92.

CUI J, ZANG S Y, ZHAI D L, et al. 2014. Potential ecological risk of heavy metals and metalloid in the sediments of Wuyuer River Basin, Heilongjiang province, China[J]. Ecotoxicology, 23(4): 589-600.

FILGUEIRAS A V, LAVILLA I, BENDICHO C. 2004. Evaluation of distribution, mobility and binding behaviour of heavy metals in surficial sediments of Louro River (Galicia, Spain) using chemometric analysis: a case study[J]. Science of the Total Environment, 330(1-3): 115-129.

GUAN Q Y, WANG F F, XU C Q, et al. 2018. Source apportionment of heavy metals in agricultural soil based on PMF: a case study in Hexi corridor, Northwest China[J]. Chemosphere, 193:189-197.

HAKANSON L. 1980. An ecological risk index for aquatic pollution control: a sediment ecological approach[J]. Water Research, 14: 975-1001.

HAYNES D, JOHNSON J E. 2000. Organochlorine, heavy metal and polyaromatic hydrocarbon pollutant concentrations in the great barrier reef (Australia) environment: a review[J]. Marine Pollution Bulletin, 41(7-12): 267-278.

HILL N, SIMPSON S, JOHNSTON E. 2013. Beyond the bed: effects of metal contamination on recruitment to bedded sediments and overlying substrata[J]. Environmental Pollution, 173: 182-191.

HJORTENKRANS D, BERGBACK B, HAGGERUD A. 2006. New metal emission patterns in road traffic environments[J]. Environmental Monitoring and Assessment, 117(1-3): 85-98.

ISLAM M S, AHMED M K, RAKNUZZAMAN M, et al. 2015. Heavy metal pollution in surface water and sediment: a preliminary assessment of an urban river in a developing country[J]. Ecological Indicators, 48: 282-291.

JAMSHIDI-ZANJANI A, SAEEDI M. 2013. Metal pollution assessment and multivariate analysis in sediment of Anzali international wetland[J]. Environmental Earth Sciences, 70(4): 1791-1808.

JIANG J B, WANG J, LIU S Q, et al. 2013a. Background, baseline, normalization, and contamination of heavy metals in the Liao river watershed sediments of China[J]. Journal of Asian Earth Sciences, 73: 87-94.

JIANG M, ZENG G M, ZHANG C, et al. 2013b. Assessment of heavy metal contamination in the surrounding soils and surface sediments in Xiawangang River, Qingshuitang District[J]. Plos One, 8(8): 71176.

KE X, GUI S F, HUANG H, et al. 2017. Ecological risk assessment and source identification for heavy metals in surface sediment from the Liaohe River protected area, China[J]. Chemosphere, 175: 473-481.

LAFABRIE C, PERGENT G, KANTIN R, et al. 2007. Trace metals assessment in water, sediment, mussel and seagrass species—validation of the use of Posidonia oceanica as a metal biomonitor[J]. Chemosphere, 68(11): 2033-2039.

LARROSE A, COYNEL A, SCHAFER J, et al. 2010. Assessing the current state of the Gironde Estuary by mapping priority contaminant distribution and risk potential in surface sediment[J]. Applied Geochemistry, 25(12): 1912-1923.

LI D L, PI J, ZHANG T, et al. 2018. Evaluating a 5-year metal contamination remediation and the biomonitoring potential of a freshwater gastropod along the Xiangjiang River, China[J]. Environmental Science and Pollution Research, 25(21): 21127-21137.

LI J G, PU L J, ZHU M, et al. 2014. Spatial pattern of heavy metal concentration in the soil of rapid urbanization area: a case of Ehu Town, Wuxi City, Eastern China[J]. Environmental Earth Sciences, 71(8): 3355-3362.

LI K Y, CUI S, ZHANG F X, et al. 2020. Concentrations, possible sources and health risk of heavy metals in multi-media environment of the Songhua River, China[J]. International Journal of Environmental Research and Public Health, 17(5): 1766.

LI N, TIAN Y, ZHANG J, et al. 2017. Heavy metal contamination status and source apportionment in sediments of Songhua river Harbin region, Northeast China[J]. Environmental Science and Pollution Research, 24(4): 3214-3225.

LI X D, LEE S L, WONG S C, et al. 2004. The study of metal contamination in urban soils of Hong Kong using a GIS-based approach[J]. Environmental Pollution, 129 (1): 113-124.

LIANG J, FENG C T, ZENG G M, et al. 2017. Spatial distribution and source identification of heavy metals in surface soils in a typical coal mine city, Lianyuan, China[J]. Environmental Pollution, 225: 681-690.

LIN C Y, HE M C, ZHOU Y X, et al. 2008. Distribution and contamination assessment of heavy metals in sediment of the Second Songhua River, China[J]. Environmental Monitoring and Assessment, 137(1-3): 329-342.

LIN C Y, WANG J, LIU S Q, et al. 2013. Geochemical baseline and distribution of cobalt, manganese, and vanadium in the Liao River watershed sediments of China[J]. Geosciences Journal, 17(4): 455-464.

MA C, ZHENG R, ZHAO J L, et al. 2015. Relationships between heavy metal concentrations in soils and reclamation history in the reclaimed coastal area of Chongming Dongtan of the Yangtze River Estuary, China[J]. Journal of Soils and Sediments, 15 (1): 139-152.

MAMAT Z, HAXIMU S, ZHANG Z Y, et al. 2016. An ecological risk assessment of heavy metal contamination in the surface sediments of Bosten Lake, northwest China[J]. Environmental Science and Pollution Research, 23(8): 7255-7265.

MÜLLER G. 1969. Index of geoaccumulation in sediments of the Rhine River[J]. Geomicrobiology Journal, 2: 108-118.

NEMEROW N L C. 1974. Scientific Stream Pollution Analysis[M]. Washington: Scripta Book Company.

Pan H Y, Lu X, Lei K W. 2017. A comprehensive analysis of heavy metals in urban road dust of Xi'an, China: contamination, source apportionment and spatial distribution[J]. Science of the Total Environment, 609: 1361-1369.

ŚWIETLIK R, TROJANOWSKA M, STRZELECKA M, et al. 2015. Fractionation and mobility of Cu, Fe, Mn, Pb and Zn in the road dust retained on noise barriers along expressway—a potential tool for determining the effects of driving conditions on speciation of emitted particulate metals[J]. Environmental Pollution, 196: 404-413.

TANG J, HAN W Z, LI N, et al. 2011. Multivariate analysis of heavy metal element concentrations in atmospheric deposition in Harbin city, northeast China[J]. Spectroscopy and Spectral Analysis, 31(11): 3087-3091.

TUNCER G, TUNCEL G, BALKAS T I. 2001. Evolution of metal pollution in the golden horn (turkey) sediments between 1912 and 1987[J]. Marine Pollution Bulletin, 42(5): 350-360.

WANG Y Q, YANG L Y, KONG L H, et al. 2015. Spatial distribution, ecological risk assessment and source identification for heavy metals in surface sediments from Dongping Lake, Shandong, East China[J]. Catena, 125: 200-205.

WUANA R A, OKIEIMEN F E. 2011. Heavy metals in contaminated soils: a review of sources, chemistry, risks and best available strategies for remediation[J]. International Scholarly Research Notices Ecology, 2011: 1-20.

XIA F, ZHANG C, QU L Y, et al. 2020. A comprehensive analysis and source apportionment of metals in riverine sediments of a rural-urban watershed[J]. Journal of Hazardous Materials, 381: 121230.

YAN N, LIU W B, XIE H T, et al. 2016. Distribution and assessment of heavy metals in the surface sediment of Yellow River, China[J]. Journal of Environmental Sciences, 39: 45-51.

ZENG X X, LIU Y G, YOU S H, et al. 2015. Spatial distribution, health risk assessment and statistical source identification of the trace elements in surface water from the Xiangjiang River, China[J]. Environmental Science and Pollution Research, 22(12): 9400-9412.

ZHANG G L, BAI J H, XIAO R, et al. 2017. Heavy metal fractions and ecological risk assessment in sediments from urban, rural and reclamation-affected rivers of the Pearl River Estuary, China[J]. Chemosphere, 184: 278-288.

ZHANG Z X, LU Y, LI H P, et al. 2018. Assessment of heavy metal contamination, distribution and source identification in the sediments from the Zijiang River, China[J]. Science of the Total Environment, 645: 235-243.

ZHAO D B, WAN S M, YU Z J, et al. 2015. Distribution, enrichment and sources of heavy metals in surface sediments of Hainan Island rivers, China[J]. Environmental Earth Sciences, 74(6): 5097-5110.

第5章 松花江干流重金属污染特征、健康风险评估与来源解析

重金属因其毒性、生物累积性、环境持久性及其对生态环境和人类健康所产生的不利影响而受到广泛关注（Yan et al., 2020; Xiao et al., 2019; Qu et al., 2018; Zeng et al., 2015）。河流是人类赖以生存的主要淡水资源（Zhao et al., 2020; Li et al., 2020a; Li et al., 2013），然而，工农业和城市化的快速发展导致水环境污染问题频发，这对水生生态系统和人类健康产生潜在危害（Cui et al., 2019; Qu et al., 2018; Yan et al., 2016）。沉积物通常被认为是污染物重要的储存场所及"二次排放源"，可作为水环境污染潜在风险识别的有效工具（Chen et al., 2019; Chen et al., 2018; Chai et al., 2017; Zhang et al., 2009）。同样，土壤作为相对稳定的环境介质，环境污染物可以通过污水（再生水）灌溉、大气沉降和农业生产资料的施用进入土壤（Dong et al., 2020; Badawy et al., 2017; Turer et al., 2001）。随后，赋存在土壤中的污染物可通过地表径流和淋溶迁移至地表水和地下水（Wang et al., 2019; Turer et al., 2001）。因此，流域范围内的水体、沉积物和土壤并不是独立存在的环境介质，而是作为一个整体，共同为人类的生产生活及经济社会的发展提供基本服务功能。

美国环境保护署（US EPA）建立的人体健康风险评估模型已被广泛应用于潜在健康风险识别（Xiao et al., 2019; Zeng et al., 2015; Li et al., 2013; Minh et al., 2012）。简言之，健康风险评估模型将"风险"定义为污染物暴露剂量与预先确定

的"安全"剂量的差异水平。该模型已被广泛应用于黄河、珠江、长江和湘江等流域水环境污染的人体健康风险评估(Zhao et al., 2020; Wang et al., 2019; Yan et al., 2016; Zeng et al., 2015)。但是在非职业暴露环境中,已有研究证实了暴露风险不只受单一暴露途径或暴露介质的影响(Ma et al., 2013),因此,需要进行综合性的人体健康风险评估研究,通过对重要暴露途径进行整合,提高对风险估计的准确性和全面性。

松花江是流域范围内的主要饮用及灌溉水源,也是工业生产用水的重要来源(An et al., 2014；Ma et al., 2013)。目前,关于流域水环境重金属污染的研究已受到普遍关注,但主要集中于沉积物中重金属的污染特征识别和生态风险评价(Sun et al., 2019；Lin et al., 2008)。因此,开展重金属在多介质环境(水、沉积物和土壤)中污染特征与源汇关系识别的研究,能够更为全面地揭示其潜在暴露风险水平。基于此,本章将通过对松花江干流水体、表层沉积物、沿岸土壤中重金属的调查研究,揭示其污染特征,识别主要污染源,并定量评估多介质环境中重金属的污染程度及沿岸居民的健康风险水平。

5.1 样品采集

依据松花江干流地形、地貌特征和沿江主要市、县分布情况,共布设了 14 个采样点,其中包括 4 个城市采样点(S4、S5、S11、S12)、3 个农村采样点(S6、S10、S13)、3 个城镇采样点(S7、S8、S9)、4 个河口采样点(S1、S2、S3、S14),采样点分布如图 5-1 所示。于 2015 年 7~8 月采集了松花江干流水体、沉积物以及沿岸土壤样品。样品采集方法同第 4 章,其中,土壤和沉积物样品用清洁的塑料自封袋保存,水体样品保存在硝酸酸洗后的聚乙烯塑料瓶中,后用硝酸酸化至

pH 小于 2，并尽快将样品运回东北农业大学国际持久性有毒物质联合研究中心实验室储存待测。

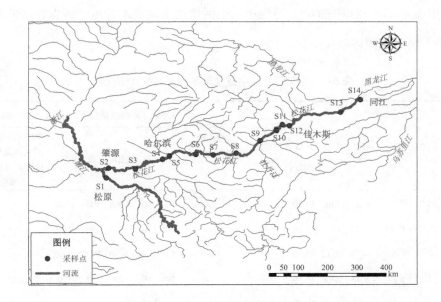

图 5-1　松花江采样点分布图

5.2　重金属浓度特征

5.2.1　水体中重金属浓度特征

水体中重金属的平均浓度呈 Zn > Cr > Cu > Pb > Ni > Cd 的趋势（表 5-1），均显著高于松花江水系水环境背景值（$p < 0.01$）（李健等，1989）。其中，Zn 和 Cr 的平均浓度分别为 64.25 μg/L 和 12.10 μg/L，分别是背景值的 16.56 倍和 14.13 倍；Cd 的平均浓度最低（0.26 μg/L），但仍是背景值的 4.07 倍；Zn 的浓度水平高于流经浑蒲污灌区的浑河（Wu et al., 2017），但低于我国受重金属污染极为严重的湘江（Zeng et al., 2015）。尽管与松花江水系水环境背景值相比，水体中的重金属浓度

相对较高，但水质仍可以满足《农田灌溉水质标准》(GB 5084—2021)的要求（中华人民共和国生态环境部，2021）。此外，水体中重金属浓度均符合《地表水环境质量标准》(GB 3838—2002)对集中式生活饮用水地表水源地一级保护区的要求（中华人民共和国环境保护部，2002）。

表 5-1 松花江水体中重金属浓度及其统计特征表

元素	浓度范围	平均值	中值	变异系数/%	背景值（李健等，1989）	《农田灌溉水质标准》(GB 5084—2021)	《地表水环境质量标准》(GB 3838—2002)					集中式生活饮用水地表水源地特定项目标准限值
							I	II	III	IV	V	
Cu	0.75~7.55	4.27	4.06	44.50	1.46	500	10	1000	1000	1000	1000	—
Cr	5.71~28.23	12.01	10.1	51.30	0.85	100	10	50	50	50	100	—
Zn	17.29~116.01	64.25	59.13	45.90	3.88	2000	50	1000	1000	2000	2000	—
Pb	1.66~6.27	3.02	2.92	34.40	1.76	200	10	10	50	50	100	—
Ni	0.50~3.07	1.68	1.49	39.20	1.02	200	—	—	—	—	—	20
Cd	ND~0.46	0.26	0.25	42.10	0.06	10	1	5	5	5	10	—

注：表中所有浓度单位均以 μg/L 计。

5.2.2 沉积物中重金属浓度特征

表层沉积物中重金属的平均浓度呈 Zn > Cr > Ni > Pb > Cu > Cd 的趋势（表 5-2），与黑龙江省土壤背景值相比（中国环境监测总站，1990），Zn 和 Cd 的浓度显著高于背景值（$p < 0.01$）。采样点 S1、S7、S10、S12 处 Zn 的浓度和 S1、S9、S10、S12 处 Cd 的浓度超过了《土壤环境质量 农用地土壤污染风险管控标准（试行）》(GB 15618—2018)的风险筛选值（中华人民共和国生态环境部，2018）。同时，与对松花江沉积物中重金属浓度的早期研究相比，Cu、Pb 的浓度有所降低，但 Zn 浓度呈上升趋势（张凤英等，2010）。周军等（2016）的研究同样表明工业

扩张期后松花江沉积物中大部分重金属元素浓度呈下降趋势，Zn 被广泛应用于农药和杀虫剂中，流域内以农业为主的产业结构可能导致 Zn 元素通过地表径流或农田退水等途径进入河流系统。除 Zn 和 Cd 外，沉积物中重金属的平均浓度水平排序不同于水体，这可能是由于进入水体中的重金属会吸附在悬浮颗粒物上，并在重力的作用下沉积至表层沉积物，沉积物作为相对稳定的环境介质可反映出重金属的长期累积状况，而水体中重金属的浓度则能够反映出采样期的流域污染状况（Chen et al., 2018; Chai et al., 2017）。与世界上部分河流沉积物中重金属的浓度相比（表 5-3），松花江表层沉积物中 Cu、Cr、Zn、Ni 和 Pb 的浓度明显低于长江（$p < 0.01$）（Zhang et al., 2009），但整体上，重金属的浓度要高于欧洲的部分河流，如埃布罗河（Ebro River）和塞纳河（Seine River）等（表 5-3）。

表 5-2　松花江沉积物中重金属浓度及其统计特征表

元素	浓度范围	平均值	中值	变异系数/%	背景值（中国环境监测总站，1990）
Cu	7.94～23.88	14.57	13.30	32.0	20
Cr	33.66～88.99	63.97	60.62	25.4	58.6
Zn	100.69～326.14	175.76	159.35	36.5	70.7
Pb	7.88～23.44	16.84	17.60	24.7	24.2
Ni	13.47～35.41	22.71	21.77	25.4	22.8
Cd	1.17～5.82	0.28	0.26	45.2	0.09

注：表中所有浓度单位均以 mg/kg 计（干重，下同）。

表 5-3　全球部分河流沉积物中重金属元素的平均浓度　（单位：mg/kg）

采样位置	Cu	Cr	Zn	Pb	Ni	Cd	参考文献
松花江（中国）	14.6	64.0	175.8	16.8	22.7	0.28	本章
黄河（中国）	40.7	62.4	68.4	15.2	23.6	0.085	Chen et al., 2018

续表

采样位置	Cu	Cr	Zn	Pb	Ni	Cd	参考文献
长江（中国）	30.7	78.9	94.3	27.3	31.8	0.26	Zhang et al., 2009
Nile River（埃及）	—	173	74	—	48	0.3	Badawy et al., 2017
Seine River（法国）	14	52	76	26	27	0.3	LeCloatec et al., 2011
Ebro River（葡萄牙）	21.8	34.3	83.5	15.8	13.7	0.3	Roig et al., 2016
湘江（中国）	35.16	38.17	346.17	111.83	—	15.28	Liu et al., 2017
Brisbane River（澳大利亚）	20～110	82～332	142～257	25～126	20～34	0.6～0.9	Duodu et al., 2016
Shur River（伊朗）	9174	—	522	162	—	6.85	Karbassi et al., 2008
Urμguay River（阿根廷）	55	19	85	13	16	—	Tatone et al., 2016
胶州湾（中国）	23.6	69.3	64.6	20.2	—	0.159	Xu et al., 2017

5.2.3 沿岸土壤中重金属浓度特征

沿岸土壤中重金属平均浓度的相对排序与沉积物一致（表 5-4）。其中，Ni、Pb 和 Cu 的浓度接近黑龙江省土壤背景值（中国环境监测总站，1990），而 Cd（0.31 mg/kg）和 Zn（145.83 mg/kg）的浓度分别是其背景值的 3.59 倍和 2.06 倍（$p<0.01$），表明土壤中 Cd 和 Zn 的累积程度较高。本章检测到 Cd 的平均浓度高于其中位数浓度，表明存在 Cd 浓度水平较高的采样点，如 S6 和 S10，这可能是土壤中 Cd 的变异系数（66.2%）大于沉积物（45.2%）和水体（42.1%）的主要原因，同时也表明土壤中 Cd 的污染来源与水体和沉积物存在一定差异。除 Zn 外，松花江沿岸土壤中重金属的浓度均高于沉积物，这可能与大气沉降有关。Xia 等（2014）对松嫩平原重金属污染来源的研究发现，大气沉降是 Cd、Cu、Pb、Zn 进入农田土壤的重要输入途径，占总输入量的 78%～98%。

表 5-4 松花江沿岸土壤中重金属浓度及其统计特征

元素	浓度范围	平均值	中值	变异系数/%	背景值（中国环境监测总站，1990）
Cu	10.83～30.78	18.27	18.52	28.4	20.0
Cr	16.79～105.90	74.26	77.20	29.2	58.6
Zn	81.40～255.18	145.83	135.42	30.2	70.7
Pb	9.27～28.41	18.82	18.54	22.0	24.2
Ni	14.20～31.13	23.79	23.97	23.7	22.8
Cd	0.37～0.87	0.31	0.25	66.2	0.09

注：表中所有浓度单位均以 mg/kg 计。

5.3 重金属空间分布特征

松花江水体、表层沉积物和沿岸土壤中 6 种重金属浓度的空间分布情况如图 5-2 所示。哈尔滨监测点（采样点 S5）水体中 Zn 和 Cd 的浓度显著高于其他地区（$p < 0.01$），Cu 和 Cr 浓度最高点均出现在依兰县监测点（采样点 S9）。在采样点 S9 处，沉积物中 Cd、Cu 和 Zn 的浓度也相对较高。除受点源排放影响外，鉴于 Cu 和 Zn 通常作为添加剂应用于牲畜饲料中，用以促进生长；而 Cd 和 Zn 在农药（如杀虫剂）和化肥中有较高残留，特别是用于生产磷肥的磷矿石中往往会含有较高浓度的 Cd，由此推断农业生产活动可能是该地区（采样点 S9）另一重要重金属污染源。采样点 S3 和 S8 位于农村地区，其重金属浓度均远低于靠近城市的采样点 S4、S5、S11 和 S12（$p < 0.05$），可见城市化进程及经济社会发展将会影响流域水环境中重金属的浓度和空间分布情况（Li et al., 2014）。

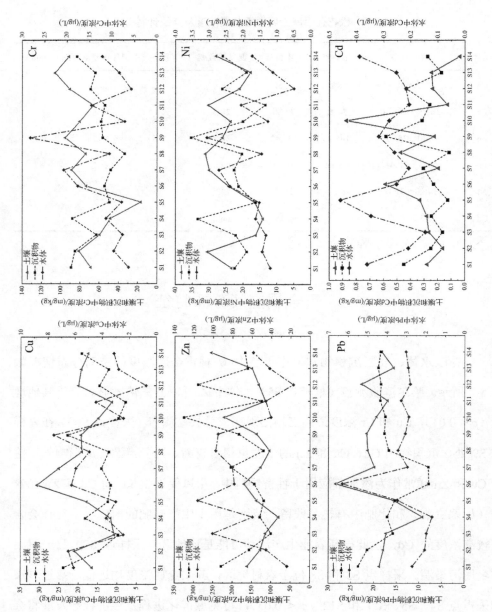

图 5-2 松花江水体、表层沉积物和沿岸土壤中 6 种重金属浓度的空间分布

5.4 重金属污染等级

松花江是流域内重要的饮用及灌溉水源,故选用《生活饮用水卫生标准》(GB 5749—2006)(中华人民共和国卫生部,2006)和环境背景值作为参考限值(中国环境监测总站,1990),以评估松花江水环境重金属的污染程度。各采样点处水体的重金属污染指数(HPI)、沉积物与土壤的 Nemerow 综合污染指数(P_N)见图 5-3。所有采样点处水体的 HPI 值均小于 100,其平均值为 13.46,尚处于"低污染"等级,表明松花江水体质量可满足饮用水需求。Pb 和 Cd 是 HPI 的主要贡献因子,平均贡献率分别为 22.7%和 60.4%。此外,采样点 S5、S6、S9 处水体的重金属污染情况较为严重,已达到"中等污染"等级(HPI>15)。其中,采样点 S5 和 S6 位于松花江哈尔滨段,这表明高强度的人类活动可导致水体中污染物浓度的增加,受上游城市人类活动和周边农业用地扩散源的影响,采样点 S6 的 HPI 值最高。鉴于 Pb 和 Cd 对人体的毒性作用,应特别注意流域内 Pb 和 Cd 的污染问题,并加强有关人体暴露风险的评估工作,特别是针对人口密集的城市区域。

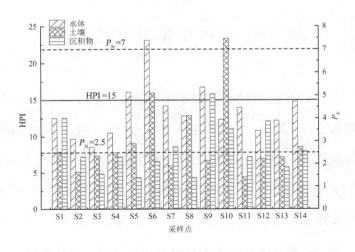

图 5-3 松花江水体重金属污染指数(HPI)、沉积物与土壤 Nemerow 综合污染指数(P_N)

松花江沿岸土壤和表层沉积物中 6 种重金属单因子污染指数（P_i）的平均值由高到低分别为：Cd（3.59）> Zn（2.06）> Cr（1.27）> Ni（1.04）> Cu（0.91）> Pb（0.78）（土壤）和 Cd（3.27）> Zn（2.49）> Cr（1.09）> Ni（1.00）> Cu（0.73）> Pb（0.70）（沉积物）。根据 Nemerow（1974）提出的污染评价标准，Cd（$P_i > 3$）和 Zn（$2 < P_i \leqslant 3$）污染分别处于"高污染"和"中等污染"等级。Cd 的单因子污染指数远高于其他重金属元素（$p < 0.05$），是流域内的主要污染因子，特别是在采样点 S10 处，沿岸土壤中 Cd 的单因子污染指数是平均单因子污染指数的 3.54 倍，表明该点位可能存在点源排放。P_N 是衡量多种重金属综合污染水平的一个重要指标，土壤和沉积物的 P_N 范围分别为 1.41~7.46 和 1.39~5.07，均值分别为 2.95 和 2.64，整体上均属"中等污染"等级（$2.5 < P_N \leqslant 7$）。总体而言，河岸土壤的重金属综合污染水平高于沉积物，部分采样点污染较为严重，如 S6、S8 和 S10 处的沿岸土壤以及 S1、S9、S10 和 S12 处的沉积物，这也将是未来污染监测与防控的重点区域。总体而言，Cd 是影响松花江多介质环境重金属综合污染等级的主要因素。

5.5 人体健康风险评估

在本章所涉及的环境介质中，水体和土壤既可作为污染物的二次排放源，同时也是人体暴露途径中污染物的重要载体。因此，通过考虑土壤和水体中重金属的经口摄入与皮肤接触吸收，来计算在这两种暴露途径下的非致癌风险（HI）和致癌风险（CR），结果如表 5-5 所示。尽管目标污染物中 Cr 和 Pb 的非致癌风险相对较高，但非致癌风险仍在可接受的水平内。虽然 HPI 和 P_N 均表明 Pb 的污染水平较低，但 Pb 呈现出更高的潜在健康风险水平。土壤经口摄入和皮肤接触的非致癌风险普遍高于水体，有关土壤皮肤接触的非致癌风险甚至高出水体皮肤接触的 2~3 个数量级，长期从事于与土壤相关的工作者（如农民）应更加注意防护。虽然，皮肤接触途径的致癌风险（3.47×10^{-8}）尚处于安全范围内，但是重金属经口摄入途径的致癌风险（2.49×10^{-6}）已经超出了安全限值（$>10^{-6}$）。与皮肤吸收相比，经口摄入是松花江流域人体重金属暴露的主要途径，水体经口摄入的致癌风险略高于沿岸土壤的暴露。致癌风险和非致癌风险水平总体低于长江（Wu et al., 2009）和淮河（Wang et al., 2017），但高于柳江（李世龙等，2018）。

表 5-5 经口摄入与皮肤接触暴露途径下各重金属元素的非致癌风险和致癌风险

元素	RfD_{in}	RfD_{derm}	SF	$CDI_{w\text{-}in}$	$CDI_{s\text{-}in}$	CDI_{in}	$CDI_{w\text{-}derm}$
Cu	0.04	0.012	—	4.53×10^{-5}	9.28×10^{-6}	5.46×10^{-5}	7.00×10^{-10}
Cr	0.003	0.015	—	5.60×10^{-6}	3.77×10^{-5}	4.33×10^{-5}	3.94×10^{-9}
Zn	0.3	0.06	—	4.79×10^{-5}	7.41×10^{-5}	1.22×10^{-4}	6.33×10^{-9}
Pb	0.001	4×10^{-4}	—	6.59×10^{-6}	9.56×10^{-6}	1.62×10^{-5}	4.96×10^{-11}
Ni	0.02	0.005	—	1.25×10^{-6}	1.21×10^{-5}	1.33×10^{-5}	5.49×10^{-11}
Cd	5×10^{-4}	5×10^{-6}	6.1	2.52×10^{-7}	1.57×10^{-7}	4.08×10^{-7}	4.43×10^{-11}
元素	$CDI_{s\text{-}derm}$	CDI_{derm}	HQ_{in}	HQ_{derm}	HI	CR_{in}	CR_{derm}
Cu	3.34×10^{-7}	3.35×10^{-7}	1.37×10^{-3}	2.79×10^{-5}	1.39×10^{-3}	—	—
Cr	1.36×10^{-6}	1.36×10^{-6}	1.44×10^{-2}	9.08×10^{-5}	1.45×10^{-2}	—	—
Zn	2.67×10^{-6}	2.67×10^{-6}	4.07×10^{-4}	4.45×10^{-5}	4.51×10^{-4}	—	—
Pb	3.44×10^{-7}	3.44×10^{-7}	1.62×10^{-2}	8.60×10^{-4}	1.70×10^{-2}	—	—
Ni	4.35×10^{-7}	4.35×10^{-7}	6.67×10^{-4}	8.70×10^{-5}	7.54×10^{-4}	—	—
Cd	5.64×10^{-9}	5.68×10^{-9}	8.17×10^{-4}	1.14×10^{-3}	1.95×10^{-3}	2.49×10^{-6}	3.47×10^{-8}

5.6 重金属来源解析

识别重金属污染的潜在来源对污染的精准防控和有效降低人体健康风险至关重要（Li et al., 2020b；Xiao et al., 2019）。本章采用 Pearson 相关分析耦合主成分分析的方法，对松花江水体和沉积物中重金属的可能来源进行解析。

水体中共提取了 3 个主成分（PC1～PC3），共解释了总方差的 80.6%，如图 5-4 所示。主成分 1（PC1）解释了总方差的 49.9%，在 Cu、Cr 和 Ni 上有较高正荷载（>0.8），与 Pearson 相关分析结果一致（表 5-6），且其浓度均显著高于环境背景值（$p<0.01$）。金属加工、电镀和机械制造等工业生产活动常使用含有 Cr、Cu 和 Ni 的金属原材料（Cui et al., 2019; Shaheen et al., 2019; Li et al., 2014）。因此，推测 PC1 主要代表工业源。

表 5-6 松花江水体中重金属 Pearson 相关矩阵

	Cu	Cr	Zn	Pb	Ni	Cd
Cu	1					
Cr	0.689**	1				
Zn	0.225	0.402	1			
Pb	0.266	0.322	0.217	1		
Ni	0.729**	0.953**	0.502	0.361	1	
Cd	-0.022	-0.017	0.035	0.024	0.063	1

注：**表示在 $p=0.01$ 水平显著。

主成分（PC2）解释了总方差的 16.9%，在 Pb（0.81）、Zn（0.68）上具有较高的荷载。Albasel 等（1985）的研究发现 Pb 和 Zn 的浓度随着距交通密集区距离的增加而逐渐降低。汽车尾气排放和车辆部件的磨损都可以造成 Pb 和 Zn 的积累，特别是环境中 Pb 的浓度与机动车辆有密切的关系（Turer et al., 2001）。

此外，含有 Pb 和 Zn 的农药及杀虫剂使用后可能会通过地表径流等方式进入水体（Cui et al., 2019; Wuana et al., 2011）。因此，推测 PC2 可能主要代表交通源和农业源。

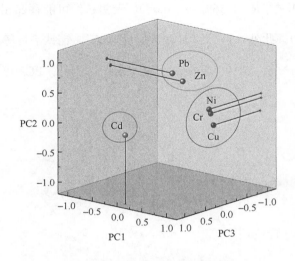

图 5-4 水体主成分因子荷载图

主成分（PC3）解释了总方差的 13.8%，仅在 Cd 上具有较高的荷载，Cd 一般与电子、印染、电镀和化工等行业以及磷肥的生产和使用有关（Cui et al., 2019）。因此，PC3 代表了工业源和农业源的组合源。

沉积物中共提取了 3 个主成分（图 5-5），共解释了总方差的 82.9%，主成分 1（PC1）在 Cu、Ni、Cd 和 Cr 上有较高荷载，可解释总方差的 49.1%。大部分采样点 Cu 和 Ni 的浓度均低于背景值，表明 Cu 和 Ni 主要来源于自然源。同时，在工业化程度较高的哈尔滨（S5）和佳木斯（S12）等地，Ni 浓度较高，鉴于 Ni、Cd 和 Cr 主要用于电镀、电子和印染等行业（Cui et al., 2019; Jin et al., 2016），推测 PC1 代表自然源和工业源的组合源。

主成分 2（PC2）的累计贡献率为 20.0%，在 Pb 上有较高荷载。由于其在环境中的不可降解性，沉积物中 Pb 的残留可能与 20 世纪含铅汽油的大量使用有关，且 Pb 常作为交通源的指示性元素，因此推测 PC2 主要代表交通源。

主成分 3（PC3）的累计贡献率为 17.3%，在 Zn 上有较高荷载。沉积物中 Zn 与 Cd 浓度显著相关（$R = 0.569$，$p < 0.05$），表明它们可能存在相似的来源（农业来源和交通来源）。此外，Zn 还可以通过机械加工、钢铁冶炼等工业生产过程向环境中排放（Cui et al., 2019; Shaheen et al., 2019）。因此，PC3 可能是工业、农业和交通的组合源。

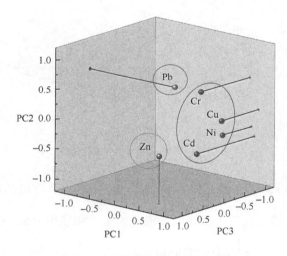

图 5-5　沉积物主成分因子荷载图

5.7　本章小结

本章对松花江干流水体、沉积物和沿岸土壤中重金属的研究结果表明，松花江水体重金属污染等级较低，仍满足流域范围内农田灌溉与集中式生活饮用水地表水源地一级保护区对水质的要求。沿岸土壤和表层沉积物中重金属的累积程度较高，属"中等污染"等级，其中 Cd 对综合污染等级的贡献最大。整体而言，以机械加工为代表的工业生产活动、交通排放以及农业生产活动是松花江重金属污染的主要来源。涉污企业的升级改造、工业废弃物管理办法的政策制定以及农业生产管理的优化与控制可能是降低流域内重金属污染等级的有效措施。人体健康风险评估的结果表明，松花江重金属污染的非致癌风险较低，而与饮水相关的致癌风险略高于风险阈值。本章关于水体摄入的健康风险是通过考虑直饮水的暴露方式计算得出，可能导致了健康风险的过高估计，但在一定程度上仍突出了流域水环境 Cd 污染问题对人体健康的影响，因此还需进一步确定目前我国饮用水处理过程中对 Cd 等有害物质的去除效果，用以提高风险估计的准确性与可靠性。

参 考 文 献

李健, 郑春江. 1989. 环境背景值数据手册[M]. 北京: 中国环境科学出版社.

李世龙, 熊建华, 邓超冰, 等. 2018. 西江流域柳江水体重金属污染状况及健康风险评价[J]. 广西科学, 25(4): 393-399.

张凤英, 阎百兴, 朱立禄. 2010. 松花江沉积物重金属形态赋存特征研究[J]. 农业环境科学学报, 29(1): 163-167.

中国环境监测总站. 1990. 中国土壤元素背景值[M]. 北京: 中国环境科学出版社.

中华人民共和国环境保护部. 2002. 地表水环境质量标准: GB 3838—2002[S]. 北京: 中国标准出版社.

中华人民共和国生态环境部. 2018. 土壤环境质量农用地土壤污染风险管控标准: GB 15618—2018[S]. 北京: 中国标准出版社.

中华人民共和国生态环境部. 2021. 农田灌溉水质标准: GB 5084—2021 [S]. 北京: 中国标准出版社.

中华人民共和国卫生部. 2006. 生活饮用水卫生标准: GB 5749—2006[S]. 北京: 中国标准出版社.

周军, 马彪, 高凤杰, 等. 2016. 河流重金属生态风险评估与预警[M]. 北京: 化学工业出版社.

ALBASEL N, COTTENIE A. 1985. Heavy metal contamination near major highways, industrial and urban areas in Belgian grassland[J]. Water Air and Soil Pollution, 24(1): 103-109.

AN Y, ZOU Z H, LI R R. 2014. Water quality assessment in the Harbin Reach of the Songhuajiang River (China) based on a fuzzy rough set and an attribute recognition theoretical model[J]. International Journal of Environmental Research and Public Health, 11(4): 3507-3520.

BADAWY W M, GHANIM E H, DULIU O G, et al. 2017. Major and trace element distribution in soil and sediments from the Egyptian central Nile Valley[J]. Journal of African Earth Sciences, 131: 53-61.

CHAI L Y, LI H, YANG Z H, et al. 2017. Heavy metals and metalloids in the surface sediments of the Xiangjiang River, Hunan, China: distribution, contamination, and ecological risk assessment[J]. Environmental Science and Pollution Research, 24(1): 874-885.

CHEN R R, CHEN H Y, SONG L T, et al. 2019. Characterization and source apportionment of heavy metals in the sediments of Lake Tai (China) and its surrounding soils[J]. Science of the Total Environment, 694: 133819.

CHEN Y, JIANG Y M, HUANG H Y, et al. 2018. Long-term and high-concentration heavy-metal contamination strongly influences the microbiome and functional genes in Yellow River sediments[J]. Science of the Total Environment, 637: 1400-1412.

CUI S, ZHANG F X, HU P, et al. 2019. Heavy metals in sediment from the urban and rural rivers in Harbin City, Northeast China[J]. International Journal of Environmental Research and Public Health, 16(22): 4313.

DONG W W, ZHANG Y, QUAN X. 2020. Health risk assessment of heavy metals and pesticides: a case study in the main drinking water source in Dalian, China[J]. Chemosphere, 242: 125113.

DUODU G O, GOONETILLEKE A, AYOKO G A. 2016. Comparison of pollution indices for the assessment of heavy metal in Brisbane River sediment[J]. Environmental Pollution, 219: 1077-1091.

JIN Y X, LIU L, ZHANG S B, et al. 2016. Chromium alters lipopolysaccharide-induced inflammatory responses both in vivo and in vitro[J]. Chemosphere, 148: 436-443.

KARBASSI A R, MONAVARI S M, BIDHENDI G R N, et al. 2008. Metal pollution assessment of sediment and water in the Shur River[J]. Environmental Monitoring and Assessment, 147(1-3): 107-116.

LECLOATEC M F, BONETE P H, LESTEL L, et al. 2011. Sedimentary record of metal contamination in the Seine River during the last century[J]. Physics and Chemistry of the Earth, 36(12): 515-529.

LI J G, PU L J, ZHU M, et al. 2014. Spatial pattern of heavy metal concentration in the soil of rapid urbanization area: a case of Ehu Town, Wuxi City, Eastern China[J]. Environmental Earth Sciences, 71(8): 3355-3362.

LI K Y, CUI S, ZHANG F X, et al. 2020a. Concentrations, possible sources and health risk of heavy metals in multi-media environment of the Songhua River, China[J]. International Journal of Environmental Research and Public Health, 17(5): 1766.

LI M Y, ZHANG Q G, SUN X J, et al. 2020b. Heavy metals in surface sediments in the trans-Himalayan Koshi River catchment: distribution, source identification and pollution assessment[J]. Chemosphere, 244: 125410.

LI Z G, FENG X B, LI G H, et al. 2013. Distributions, sources and pollution status of 17 trace metal/metalloids in the street dust of a heavily industrialized city of central China[J]. Environmental Pollution, 182: 408-416.

LIN C Y, HE M C, ZHOU Y X, et al. 2008. Distribution and contamination assessment of heavy metals in sediment of the Second Songhua River, China[J]. Environmental Monitoring and Assessment, 137(1-3): 329-342.

LIU J J, XU Y Z, CHENG Y X, et al. 2017. Occerrence and risk assessment of heavy metals in sediments of the Xiangjiang River, China[J]. Environmental Pollution, 24(3): 2711-2723.

MA W L, LIU L Y, QI H, et al. 2013. Polycyclic aromatic hydrocarbons in water, sediment and soil of the Songhua River Basin, China[J]. Environmental Monitoring and Assessment, 185(10): 8399-8409.

MINH N D, HOUGH, R L, THUY L T, et al. 2012. Assessing dietary exposure to cadmium in a metal recycling community in Vietnam: age and gender aspects[J]. Science of the Total Environment, 416: 164-171.

NEMEROW N L C. 1974. Scientific Stream Pollution Analysis[M]. Washington: Scripta Book Company.

QU L Y, HUANG H, XIA F, et al. 2018. Risk analysis of heavy metal concentration in surface waters across the rural-urban interface of the Wen-Rui Tang River, China[J]. Environmental Pollution, 237: 639-649.

ROIG N, SIERRA J, MORENO-GARRIDO I, et al. 2016. Metal bioavailability in freshwater sediment samples and their influence on ecological status of river basins[J]. Science of the Total Environment, 540: 287-296.

SHAHEEN A, IQBAL J, HUSSAIN S. 2019. Adaptive geospatial modeling of soil contamination by selected heavy metals in the industrial area of Sheikhupura, Pakistan[J]. International Journal of Environmental Science and Technology, 16(8): 4447-4464.

SUN C Y, ZHANG Z X, CAO H N, et al. 2019. Concentrations, speciation, and ecological risk of heavy metals in the sediment of the Songhua River in an urban area with petrochemical industries[J]. Chemosphere, 219: 538-545.

TATONE L M, BILOS C, SKORUPKA C N, et al. 2016. Comparative approach for trace metal risk evaluation in settling particles from the Uruguay River, Argentina: enrichment factors, sediment quality guidelines and metal speciation[J]. Environmental Earth Sciences, 75(7): 575.

TURER D, MAYNARD J B, SANSALONE J J. 2001. Heavy metal contamination in soils of urban highways: comparison between runoff and soil concentrations at Cincinnati, Ohio[J]. Water Air and Soil Pollution, 132(3-4): 293-314.

WANG F T, HUANG C S, CHEN Z H, et al. 2019. Distribution, ecological risk assessment, and bioavailability of cadmium in soil from Nansha, Pearl River Delta, China[J]. International Journal of Environmental Research and Public Health, 16(19): 3637.

WANG J, LIU G J, LIU H Q, et al. 2017. Multivariate statistical evaluation of dissolved trace elements and a water quality assessment in the middle reaches of Huaihe River, Anhui, China[J]. Science of the Total Environment, 583: 421-431.

WUANA R A, OKIEIMEN F E. 2011. Heavy metals in contaminated soils: a review of sources, chemistry, risks and best available strategies for remediation[J]. International Scholarly Research Network Ecology, 2011: 1-20.

WU B, ZHAO D Y, JIA H Y, et al. 2009. Preliminary risk assessment of trace metal pollution in surface water from Yangtze River in Nanjing Section, China[J]. Bulletin of Environmental Contamination and Toxicology, 82(4): 405-409.

WU X, WANG S F, CHEN H X, et al. 2017. Assessment of metal contamination in the Hun River, China, and evaluation of the fish *Zacco platypus* and the snail *Radix swinhoei* as potential biomonitors[J]. Environmental Science and Pollution Research, 24(7): 6512-6522.

XIA X Q, YANG Z F, CUI Y J, et al. 2014. Soil heavy metal concentrations and their typical input and output fluxes on the southern Songnen Plain, Heilongjiang Province, China[J]. Journal of Geochemical Exploration, 139: 85-96.

XIAO J, WANG L Q, DENG L, et al. 2019. Characteristics, sources, water quality and health risk assessment of trace elements in river water and well water in the Chinese Loess Plateau[J]. Science of the Total Environment, 650: 2004-2012.

XU F J, LIU Z Q, CAO Y C, et al. 2017. Assessment of heavy metal contamination in urban river sediments in the Jiaozhou Bay catchment, Qingdao, China[J]. Catena, 150: 9-16.

YAN B, XU D M, CHEN T, et al. 2020. Leachability characteristic of heavy metals and associated health risk study in typical copper mining-impacted sediments[J]. Chemosphere, 239: 124748.

YAN N, LIU W B, XIE H T, et al. 2016. Distribution and assessment of heavy metals in the surface sediment of Yellow River, China[J]. Journal of Environmental Sciences-China, 39: 45-51.

ZENG X X, LIU Y G, YOU S H, et al. 2015. Spatial distribution, health risk assessment and statistical source identification of the trace elements in surface water from the Xiangjiang river, China[J]. Environmental Science and Pollution Research, 22(12): 9400-9412.

ZHANG W G, FENG H, CHANG J N, et al. 2009. Heavy metal contamination in surface sediments of Yangtze River intertidal zone: an assessment from different indexes[J]. Environmental Pollution, 157: 1533-1543.

ZHAO L Y, GONG D D, ZHAO W H, et al. 2020. Spatial-temporal distribution characteristics and health risk assessment of heavy metals in surface water of the Three Gorges Reservoir, China[J]. Science of the Total Environment, 704: 134883.

第 6 章 松花江沉积物中多环芳烃污染特征与来源解析

多环芳烃（PAHs）是一类典型持久性有毒有机化学品（persistent toxic organic chemicals, PTOCs），主要通过自然过程和人类活动产生（Howsam et al., 1998），广泛分布于环境中。因其具有环境持久性、亲脂疏水性、高毒性及长距离迁移性等特点被很多国家列为优先控制的污染物（Guo et al., 2012; Arias et al., 2010; Ma et al., 2010）。大量研究表明，PAHs 对人类和生物体具有致癌、致畸和致突变等健康危害（Duodu et al., 2017; Orecchio, 2010; Mai et al., 2003; Soclo et al., 2000）。通常而言，沉积物是一种较为稳定的环境介质，水体中的 PAHs 可通过界面交换或吸附在悬浮颗粒物上进而在沉积物中进行累积（Patrolecco et al., 2010）。然而，当 PAHs 在沉积物和水间的平衡被破坏后，受污染的沉积物可作为二次排放源而将其重新释放至水环境中。因此，沉积物是记录和识别 PAHs 及其他污染物来源与沉积特征的重要环境介质（Sarria-Villa et al., 2016）。

水环境中 PAHs 主要来源于含碳物质的不完全燃烧排放、溢油和汽车尾气排放、市政和工业废污水排放等（Zhang et al., 2009）。随着工业化和城市化进程的加快，能源消耗和工业生产过程中含碳物质的不完全燃烧会导致大量 PAHs 被排放到环境中（Zhang et al., 2009）。事实上，能源消耗和 PAHs 排放密切相关，特别是在发展中国家的寒冷地区，冬季多使用煤炭进行取暖（Ma et al., 2010; Zhang et al., 2009）。

松花江作为重要的饮用和灌溉水来源,可为流域内居民饮用水提供安全保障,同时也为粮食生产提供灌溉水源(Cui et al., 2016a;Yu et al., 2003)。然而,关于松花江水体和沉积物中有机污染物[如 PAHs、多氯联苯(PCBs)、有机氯农药(organochlorine pesticides, OCPs)]的研究多集中于污染水平、时空变化和生态风险等方面(Cui et al., 2016a, 2016b, 2016c; Bai et al., 2014; Zhao et al., 2014; Ma et al., 2013;范丽丽,2007;Guo et al., 2007),而关于能源消耗对 PAHs 来源及影响的研究却不多见。

6.1 样品采集

作者课题组在松花江干流及西流松花江共布设 18 个采样点,分布情况如图 6-1 所示,其中包括 10 个城市采样点(S1、S2、S5、S6、S8、S9、S14、S15、S17 和 S18)、3 个城市下游采样点(S3、S4 和 S16)、1 个城市上游采样点(S7)、3 个工业区附近采样点(S10、S11 和 S12)和 1 个农村采样点(S13)。此外,根据采样点的地理位置,可将其划分为西流松花江采样点(S1~S5)和松花江干流采样点(S6~S18)。作者课题组于 2014 年 7 月至 8 月进行了松花江沉积物样品的采集工作,使用间隔采样法进行样品采集,即在采样点处每隔 50 m 采集 1 个沉积物样品,每个采样点采集 5 个样品,并充分混匀形成一个代表性沉积物样品。每个沉积物样品收集于预先清洗过的铝盒中,密封后运往国际持久性有毒物质联合研究中心(IJRC-PTS)实验室,存放在-20℃的冰箱中,并尽快提取分析。

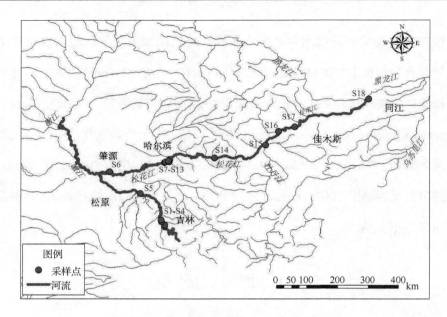

图 6-1　松花江沉积物采样点分布图

6.2　沉积物中多环芳烃的浓度

松花江沉积物中 16 种 US EPA 优先控制的 PAHs 浓度范围为 33.59～4456 ng/g（本章沉积物中 PAHs 浓度均以干重计），中位数浓度为 1137 ng/g。其中，Fla、Pyr、Phe 和 Chr 为沉积物中主要的 PAHs，平均浓度分别为 199 ng/g、158 ng/g、154 ng/g 和 132 ng/g，本章与 Ma 等（2013）关于松花江沉积物中 PAHs 的研究结果基本一致。由不同年份的监测结果可以看出，PAHs 广泛分布于松花江水环境中，而沉积物中 PAHs 浓度监测可反映出研究区域 PAHs 的污染程度和潜在生态风险，尤其是 PAHs 浓度较高的采样点。

本章将松花江沉积物中 PAHs 的浓度与其他河流进行比较的结果如表 6-1 所示。尽管各研究的采样时间和方法可能存在差异，但对比结果在一定程度上也可以反映出沉积物中 PAHs 的污染状况。与其他河流和河口沉积物中的 PAHs 浓度相比，松花江沉积物中 16 种 PAHs（Σ_{16}PAHs）总浓度的平均值相对较高（表 6-1），但仍低于部分河流,例如辽河(Bai et al., 2014)、浑河(Liu et al., 2015)、汾河(Li et al., 2012)、北美的底特律河(Detroit River)(Szalinska et al., 2013)及法国的塞纳河流域(Seine River Basin)(Gateuille et al., 2014)。研究表明,热解源和燃煤排放是辽河、浑河和汾河中 PAHs 的重要来源,其中煤炭燃烧是辽河和汾河中 PAHs 的主要来源(Liu et al., 2015; Bai et al., 2014; Li et al., 2012)。通常,工业废水、生活污水、工业生产、家庭取暖、交通排放以及长途石油运输等是水环境中 PAHs 的主要来源(Liu et al., 2015; Bai et al., 2014; Li et al., 2012; Ko et al., 1995)。然而,本章发现 PAHs 浓度与总有机碳(total organic carbons, TOC)浓度之间并无显著相关性,这与 Duodu 等(2017)的研究结果一致,该结果反映出研究区域可能存在人为排放或点源污染情况。从另一方面讲,沉积物中 PAHs 的污染特征还可以反映出研究区域的工业和经济发展过程、公众和政府的环保意识、环境污染法规以及人类活动情况等(Cui et al., 2016b)。

表 6-1 松花江与其他河流沉积物中 PAHs 浓度的比较

位置	种类数	采样时间	沉积物/(ng/g) 范围	沉积物/(ng/g) 平均值	参考文献
黄河口(中国)	16	2007 年	97.2~204.8	152.2	Hu et al., 2014
浑河(中国)	15	2010 年	82.96~39292.95	3705.54	Liu et al., 2015
灌河口湿地(中国)	21	2011 年	90~218	132.7	He et al., 2014
辽河(中国)	16	2012 年	92.2~295635.2	8432.6	Bai et al., 2014
长江口(中国)	16	2011 年	65.07~954.52	224	Yu et al., 2015
汾河(中国)	16	2010 年	539.0~6281.7	2214.8	Li et al., 2012
滦河口(中国)	16	/	5.1~545.1	120.8	Zhang et al., 2016
湛江湾(中国)	16	/	41.96~933.90	315.98	Huang et al., 2012
雷州湾(中国)	16	/	21.72~319.61	103.91	Huang et al., 2012
辽东湾(中国)	16	2007 年	144.5~291.7	184.7	Hu et al., 2011
Bahía Blanca Estuary(阿根廷)	18	2004~2005 年	15~10260	3315	Arias et al., 2010

续表

位置	种类数	采样时间	沉积物/(ng/g)		参考文献
			范围	平均值	
Brisbane River（澳大利亚）	15	2012年，2014~2015年	148~3079	849	Duodu et al., 2017
Mersey Esturay（英国）	15	2000~2002年	626~3766		Vane et al., 2007
Detroit River（北美洲）	12	2009年	500~8600	3300	Szalinska et al., 2013
Seine River流域（法国）	13	2011~2012年	230~9210		Gateuille et al., 2014
松花江（中国）	16	2005~2006年	33.9~513.4	154.5	范丽丽，2007
松花江（中国）	16	2007~2008年	68.25~654.15	234.15	Zhao et al., 2014
松花江（中国）	15	2009年	20.5~632	178	Ma et al., 2013
松花江（中国）	16	2014年	33.59~4456	1477	本章

6.3 沉积物中多环芳烃的空间分布

松花江沉积物中 Σ_{16}PAHs 浓度的空间分布如图 6-2 所示，其在空间上存在较大差异，位于工业区下游采样点 S12（水泥厂，4458 ng/g）的浓度最高，其次为 S9（哈尔滨市区，4224 ng/g）、S3（吉林市下游，3837 ng/g）和 S1（吉林市区，2632 ng/g）。城市采样点 PAHs 浓度较高可能与工业化、城市化和人口密度有关，这表明松花江城市段水环境中 PAHs 可能主要来自市政、工业和生活废污水的排放（Ma et al., 2013; Guo et al., 2011）。此外，西流松花江（S1~S5）沉积物中 Σ_{16}PAHs 的平均浓度（2166 ng/g）高于松花江干流（S6~S18）的平均浓度（1212 ng/g），这与范丽丽（2007）的研究结果一致。有研究表明，水泥生产是 PAHs 的重要来源之一（Ercan et al., 2016; Orecchio, 2010; Manoli et al., 2004; Yang et al., 1998）。由于 16 种优先控制 PAHs 中 BaP 的毒性最强，故常被作为 PAHs 致癌性的首要衡量指标。在本章中，BaP 分别占水泥厂上游采样点（S10）、水泥厂附近采样点（S11）及水泥厂下游采样点（S12）沉积物中 Σ_{16}PAHs 浓度的 7.26%、7.85%和 9.74%，该结果高于伊斯坦布尔水泥厂附近的监测结果（平均值为 0.67%）(Ercan et al., 2016)。换言之，BaP 浓度越高，工业区附近的环境/健康风险越大，政府和公众的关注程度也会越高。因此，水泥生产可能是该地区 PAHs 的重要来源，并导致沉积物中 PAHs 的浓度和生态风险增加。在我们之前的研究中，水泥生产已被证实是研究区域沉积物中 PCBs 的主要来源(Cui et al., 2016b)。

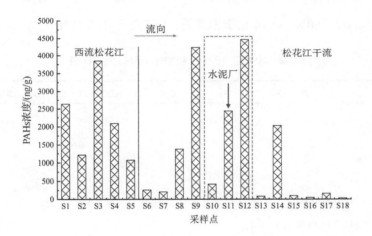

图 6-2 松花江沉积物中 Σ_{16}PAHs 的浓度

本章利用发散系数（coefficient of divergence, CD）比较不同采样点沉积物样品的化学特征，CD 是一种自归一化参数，常用于生物领域、颗粒物和扬尘的研究 (Shen et al., 2016; Feng et al., 2007; Wongphatarakul et al., 1998)。其计算公式如下：

$$CD_{jk} = \sqrt{\frac{1}{p}\sum_{i=1}^{p}\left(\frac{x_{ij}-x_{ik}}{x_{ij}+x_{ik}}\right)^2} \qquad (6\text{-}1)$$

式中，x_{ij} 和 x_{ik} 分别表示在采样点 j 和 k（j 和 k 代表两个采样点）处化学成分（PAH）i 的浓度；p 表示 PAHs 的数量。CD 值接近 0 表示两个采样点的化学特征相似，CD 值接近 1 表示化学特征存在显著差异。

如表 6-2 所示，各采样点间的 CD 值相对较高，部分接近 1（41.8%的 CD 值大于 0.8），表明松花江各采样点沉积物中的 PAHs 组成差异很大。另外，部分 CD 值非常接近于 0，例如 $CD_{S9\sim S12}$、$CD_{S1\sim S11}$、$CD_{S3\sim S9}$ 和 $CD_{S2\sim S8}$ 分别为 0.10、0.14、0.18 和 0.20，表明这些采样点处沉积物中 PAHs 的组分特征无显著差异。因此，松花江任意两个采样点沉积物中的 PAHs 具有相似或不同的来源，例如煤炭燃烧、汽车排放、生物质燃烧或废污水排放，这一结论可由以下采样点的 CD 值来进行解释，如 $CD_{S9\sim S12}$ 值为 0.10（S9 位于哈尔滨市区附近，S12 位于水泥厂的下游），以及 $CD_{S14\sim S15}$ 值为 0.88（S14 位于木兰县，S15 位于依兰县）。

表 6-2 松花江 18 个沉积物中 PAHs 的 CD 值

	S1	S2	S3	S4	S5	S6	S7	S8	S9	S10	S11	S12	S13	S14	S15	S16	S17	S18
S1	0																	
S2	0.37	0																
S3	0.25	0.54	0															
S4	0.24	0.35	0.33	0														
S5	0.50	0.34	0.58	0.39	0													
S6	0.80	0.65	0.87	0.77	0.60	0												
S7	0.86	0.72	0.90	0.83	0.68	0.26	0											
S8	0.32	0.20	0.47	0.28	0.30	0.69	0.76	0										
S9	0.28	0.57	0.18	0.41	0.63	0.87	0.91	0.51	0									
S10	0.73	0.51	0.82	0.68	0.48	0.33	0.36	0.58	0.83	0								
S11	0.14	0.35	0.3	0.27	0.49	0.78	0.84	0.31	0.33	0.71	0							
S12	0.29	0.57	0.23	0.43	0.62	0.86	0.91	0.51	0.10	0.83	0.35	0						
S13	0.94	0.87	0.96	0.92	0.85	0.54	0.42	0.89	0.96	0.66	0.93	0.96	0					
S14	0.32	0.28	0.45	0.39	0.51	0.74	0.77	0.36	0.46	0.63	0.29	0.46	0.89	0				
S15	0.93	0.87	0.96	0.92	0.85	0.58	0.48	0.90	0.96	0.67	0.93	0.95	0.23	0.88	0			
S16	0.97	0.94	0.98	0.96	0.92	0.75	0.69	0.95	0.98	0.83	0.97	0.98	0.45	0.95	0.42	0		
S17	0.89	0.79	0.93	0.87	0.76	0.35	0.20	0.82	0.93	0.48	0.88	0.93	0.29	0.82	0.33	0.61	0	
S18	0.97	0.95	0.98	0.97	0.94	0.80	0.76	0.96	0.99	0.88	0.97	0.99	0.58	0.96	0.56	0.44	0.70	0

6.4 沉积物中多环芳烃组成的变化与来源解析

6.4.1 沉积物中多环芳烃组成的变化

图 6-3 为松花江目标研究区域采样点沉积物中 PAHs 组成的变异系数（Cv），部分 PAHs 存在很大的分散程度，这可能源于特定采样点的点源排放或某些采样地点的综合排放。因此，除了 4 种主要 PAHs（Fla、Pyr、Phe 和 Chr）外，其余 PAHs 均有显著变异性。松花江沉积物中 PAHs 组成的变化主要与能源消耗结构变化、经济发展水平和人类活动情况有关，这可能直接导致 PAHs 组成的空间差异（Cui et al., 2016a, 2016b）。该结果与 CD 值计算结果一致，这表明松花江目标研究区域沉积物中 PAHs 的来源较为广泛。

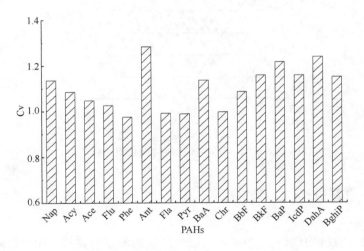

图 6-3 松花江沉积物中 PAHs 的变异系数

松花江沉积物中 PAHs 的组分特征如图 6-4 所示。松花江沉积物中，除了采样点 S15，低分子量 PAHs（2~3 环）占 Σ_{16}PAHs 浓度的 43.0%外，均为高分子量多环芳烃（4~6环）占主导地位，为Σ_{16}PAHs 浓度的 57.0%~85.4%。浑河的 PAHs 组成与松花江相似，其 4~6 环 PAHs 占 Σ_{15}PAHs 浓度的 58.2%~88.1%（Liu et al., 2015）。然而，辽河沉积物中 3 环、4 环和 5 环 PAHs 分别占 Σ_{16}PAHs 浓度的 26.5%、44.2%和 17.4%（Bai et al., 2014）。这种差异可能是排放源的不同以及 PAHs 的理化性质不同所致，例如高分子量多环芳烃（high-molecular-weight-PAHs, HMW-PAHs）与低分子量多环芳烃（low-molecular-weight-PAHs, LMW-PAHs）相比拥有更低的挥发性和疏水性。另外，随着 PAHs 分子量的增加其 K_{ow}（辛醇-水分配系数）变大，从而使其易于在沉积物和土壤中累积，且具有较强的抗降解能力。

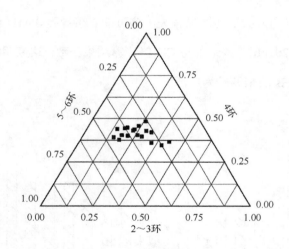

图 6-4 松花江沉积物中 PAHs 组分特征

6.4.2 来源解析

热解源（有机物燃烧）、石油源（石油产品的泄露与排放）和自然源（火山爆发、森林和草原火灾）是环境中 PAHs 的主要来源（Manoli et al., 1999）。PAHs 来源解析对于其在环境中的传输和归趋研究至关重要（Liu et al., 2016; Ma et al., 2013）。众多研究表明，特征比值法是识别 PAHs 来源的有效方法（Soclo et al., 2000;

Baumard et al., 1998; Budzinski et al., 1997)。本章利用 Phe/Ant、Fla/Pyr、Fla/(Fla+Pyr)和 LMW/HMW 的比值进行松花江沉积物中 PAHs 的来源解析。通常，Phe 比 Ant 的热力学性质更稳定，因此油成因的 Phe/Ant 比值较高（>10），而热成因的比值较低（<10）（Budzinski et al., 1997）；Pyr 比 Fla 的热力学性质更稳定，而 Fla 仅在热解过程中的性质优于 Pyr。在石油衍生产品的 PAHs 中，Pyr 的浓度高于 Fla（Qiao et al., 2006）。因此，Fla/Pyr 比值大于 1 时，代表环境中的 PAHs 主要来源于热解源，比值小于 1 时，代表环境中的 PAHs 主要来源于石油源（Baumard et al., 1998）。Fla/(Fla+Pyr)比值大于 0.5 表明环境中的 PAHs 主要来源于木材或煤炭的燃烧（热解源），而比值小于 0.5 通常说明环境中的 PAHs 主要来源于石油源（Budzinski et al., 1997）。应用 LMW/HMW 比值的源解析表明，来自热解源的 PAHs 通常具有较高的分子量（LMW/HMW < 1），而石油源的 PAHs 主要由 LMW-PAHs 组成（LMW/HMW > 1）（He et al., 2014; Soclo et al., 2000）。

本章研究结果表明，除 S15（18.44）、S16（15.28）和 S18（16.39）外，其余采样点的 Phe/Ant 比值均小于 10；而对于所有采样点，Fla/Pyr 和 Fla/(Fla+Pyr) 比值分别大于 1 和 0.5（表 6-3）。松花江大部分采样点沉积物中 PAHs 主要来源于热解源，而 S15、S16 和 S18 三个采样点中的 PAHs 可能来源于热解源和石油源的混合源。表 6-3 表明，松花江所有采样点沉积物中 LMW/HMW 比值均小于 1，这表明松花江沉积物中的 PAHs 主要来自热解源（He et al., 2014; Soclo et al., 2000）。而在之前的研究中，BaP 被认为是燃烧衍生 PAHs 的重要标志物（Qiao et al., 2006; Magi et al., 2002），在本章中，BaP 与 Σ_{16}PAHs 显著相关（$R = 0.971, p = 0.000$），表明热解源是松花江沉积物中 PAHs 的主要来源，这与 Ma 等（2013, 2010）的研究结果一致。

表 6-3 松花江沉积物中 PAHs 特征比值

	Phe/Ant	Fla/Pyr	Fla/(Fla+Pyr)	LMW/HMW
S1	3.98	1.27	0.56	0.23
S2	4.58	1.4	0.58	0.22
S3	2.76	1.35	0.57	0.35
S4	0.96	1.14	0.53	0.47
S5	1.1	1.09	0.52	0.68
S6	2.1	1.09	0.52	0.53
S7	5.71	1.19	0.54	0.31
S8	4.32	1.17	0.54	0.4
S9	4.27	1.23	0.55	0.23
S10	5.93	1.21	0.55	0.27
S11	5.96	1.3	0.57	0.23
S12	4.01	1.21	0.55	0.18
S13	5.2	1.3	0.56	0.3
S14	6.98	1.45	0.59	0.17
S15	18.44	1.43	0.59	0.75
S16	15.28	1.69	0.63	0.35
S17	8.29	1.38	0.58	0.41
S18	16.39	1.46	0.59	0.29
参考文献	Baumard et al., 1998	Baumard et al., 1998	Budzinski et al., 1997	Soclo et al., 2000

6.5 能源消耗对沉积物中多环芳烃的影响

PAHs 排放和能源消耗密切相关，尤其是在发展中国家，人口的快速增长和相关的能源消耗皆会导致 PAHs 排放增加（Zhang et al., 2009）。煤炭燃烧、石油精炼和天然气生产等是环境中 PAHs 的主要来源。由于中国煤炭储量丰富，煤炭被广泛用于生产焦炭、家庭烹饪和取暖［International Energy Agency（国际能源机构，IEA），2006］，尤其是我国北方地区冬季的家庭供暖（Ma et al., 2010; Wang et al., 2009）。根据 IEA 的官方数据显示，2004 年中国约 60%的能源消耗来自燃煤（IEA, 2006）。

我们的研究已表明，热解源和石油源是松花江沉积物中 PAHs 的主要来源。另有研究表明，哈尔滨市作为松花江沿岸最大的城市，来自燃煤电厂、居民用煤、煤焦炉和燃煤锅炉的煤炭燃烧排放对大气中 PAHs 的贡献率最大，约占供暖期的 60%，其次是交通排放，约占 34%。相比之下，非供暖季节大气中 PAHs 的主要贡献者是机动车尾气排放、地面挥发和燃煤排放，分别占 59%、18%和 17%（Ma et al., 2010）。这些结果与我们的研究一致，表明区域能源消耗可能在 PAHs 污染中扮演非常重要的角色。

本书选择位于黑龙江省内的松花江干流采样点（S6~S18）来研究能源消耗对松花江沉积物中 PAHs 的影响。图 6-5 为黑龙江省主要能源消耗情况，包括煤炭、石油和天然气。从 1980 年至 2014 年，煤炭和石油的消耗量有所增加，尤其是煤炭消耗量（数据来源：中华人民共和国国家统计局，http://www.stats.gov.cn/）。为了探寻能源消耗对松花江沉积物中 PAHs 赋存的影响，本书从部分相关研究汇编整理了相似地区 PAHs 的历史浓度数据（表 6-1 和图 6-5）。在 PAHs 浓度和能源消耗之间进行 Spearman 相关性分析，发现煤炭消耗与 PAHs 浓度之间存在显著相关性（$R = 0.999, p < 0.01$），而石油/天然气与 PAHs 浓度之间未发现类似的相关性，这表明煤炭消耗强烈影响着松花江沉积物中 PAHs 的赋存浓度。年平均温度较低和复杂的水环境特点，使松花江沉积物成为 PAHs 的"汇"。此外，2012 年至 2014 年煤炭消耗量有所下降，但 2009 年至 2014 年 PAHs 浓度却有所增加，这可

能是由于该地区能源结构的调整和变化所致。Chen 等（2017）的研究表明，在农村和城市郊区未经任何污染控制的情况下，煤炉会向区域环境中直接释放大量有机物颗粒，而排放的 PAHs 很容易吸附于大气颗粒物上，进而沉降至土壤或水体中。

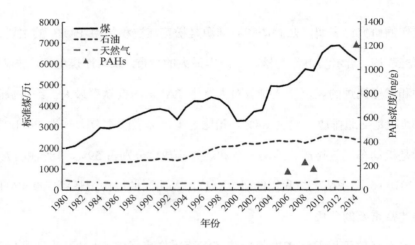

图 6-5　1980 年至 2014 年黑龙江省的能源总消耗

6.6　本章小结

本章对松花江表层沉积物中 16 种优先控制的 PAHs 进行了研究，沉积物中 Σ_{16}PAHs 浓度范围为 34~4456 ng/g，且以 Fla、Pyr、Phe 和 Chr 为主。研究表明，水泥生产可能是松花江沉积物中 PAHs 的来源之一，水泥厂附近沉积物中 PAHs 的浓度相对较高，并影响松花江下游沉积物中 PAHs 的浓度。此外，不同采样点间 CD 值的变化较大，表明不同采样点间 PAHs 的组成存在较大差异，可能存在不同来源。松花江流域地处我国北方高寒地区，冬季燃煤是重要的取暖途径，沉积物中 Σ_{16}PAHs 浓度与煤炭消耗量呈正相关，但石油和天然气消耗量与 Σ_{16}PAHs

浓度之间无显著相关性。因此，煤炭消耗等热解源是松花江沉积物中 PAHs 的主要来源。

参 考 文 献

范丽丽. 2007. 松花江流域底泥沉积物中多氯联苯和多环芳烃的研究[D]. 哈尔滨: 哈尔滨工业大学.

ARIAS A H, VAZQUEZ-BOTELLO A, TOMBESI N, et al. 2010. Presence, distribution, and origins of polycyclic aromatic hydrocarbons (PAHs) in sediments from Bahía Blanca Estuary, Argentina[J]. Environmental Monitoring and Assessment, 160(1-4): 301-314.

BAI Y W, MENG W, XU J, et al. 2014. Occurrence, distribution, environmental risk assessment and source apportionment of polycyclic aromatic hydrocarbons (PAHs) in water and sediments of the Liaohe River Basin, China[J]. Bulletin of Environmental Contamination and Toxicology, 93(6): 744-751.

BAUMARD P, BUDZINSKI H, MICHON Q, et al. 1998. Origin and bioavailability of PAHs in the Mediterranean Sea from mussel and sediment records[J]. Estuarine Coastal and Shelf Science, 47(1): 77-90.

BUDZINSKI H, JONES I, BELLOCQ J, et al. 1997. Evaluation of sediment contamination by polycyclic aromatic hydrocarbons in the Gironde Estuary[J]. Marine Chemistry, 58(1): 85-97.

CHEN S R, XU L, ZHANG Y X, et al. 2017. Direct observations of organic aerosols in common wintertime hazes in North China: insights into direct emissions from Chinese residential stoves[J]. Atmospheric Chemistry and Physics, 17(2): 1259-1270.

CUI S, FU Q, GUO L, et al. 2016a. Spatial-temporal variation, possible source and ecological risk of PCBs in sediments from Songhua River, China: effects of PCB elimination policy and reverse management framework[J]. Marine Pollution Bulletin, 106(1-2): 109-118.

CUI S, FU Q, LI T X, et al. 2016b. Sediment-water exchange, spatial variations, and ecological risk assessment of polycyclic aromatic hydrocarbons (PAHs) in the Songhua River, China[J]. Water, 8(8): 334.

CUI S, FU Q, LI Y F, et al. 2016c. Levels, congener profile and inventory of polychlorinated biphenyls in sediment from the Songhua River in the vicinity of cement plant, China: a case study[J]. Environmental Science and Pollution Research, 23(16): 15952-15962.

DUODU G O, OGOGO K N, MUMMULLAGE S, et al. 2017. Source apportionment and risk assessment of PAHs in Brisbane River sediment, Australia[J]. Ecological Indicators, 73: 784-799.

ERCAN Ö, DINÇER F. 2016. Atmospheric concentrations of PCDD/Fs, PAHs, and metals in the vicinity of a cement plant in Istanbul[J]. Air Quality Atmosphere and Health, 9(2): 159-172.

FENG Y C, XUE Y H, CHEN X H, et al. 2007. Source apportionment of ambient total suspended particulates and coarse particulate matter in urban areas of Jiaozuo, China[J]. Journal of the Air and Waste Management Association, 57(5): 561-575.

GATEUILLE D, EVRARD O, LEFEVRE I, et al. 2014. Mass balance and decontamination times of Polycyclic Aromatic Hydrocarbons in rural nested catchments of an early industrialized region (Seine River Basin, France) [J]. Science of the Total Environment, 470: 608-617.

GUO G H, WU F C, HE H P, et al. 2012. Distribution characteristics and ecological risk assessment of PAHs in surface waters of China[J]. Science China Earth Sciences, 55(6): 914-925.

GUO W, HE M C, YANG Z F, et al. 2007. Comparison of polycyclic aromatic hydrocarbons in sediments from the Songhuajiang River (China) during different sampling seasons[J]. Journal of Environmental Science and Health Part A, 42(2):119-127.

GUO W, HE M C, YANG Z F, et al. 2011. Characteristics of petroleum hydrocarbons in surficial sediments from the Songhuajiang River (China): spatial and temporal trends[J]. Environmental Monitoring and Assessment, 179(1-4): 81-92.

HE X R, PANG Y, SONG X J, et al. 2014. Distribution, sources and ecological risk assessment of PAHs in surface sediments from Guan River Estuary, China[J]. Marine Pollution Bulletin, 80(1-2): 52-58.

HOWSAM M, JONES K C. 1998. Sources of PAHs in the Environment[M]//NEILSON A H. The Handbook of Environmental Chemistry, PAHs and Related Compounds-chemistry, vol 3.1. Berlin, Heidelberg, New York: Springer: 137-174.

HU N J, HUANG P, LIU J H, et al. 2014. Characterization and source apportionment of polycyclic aromatic hydrocarbons (PAHs) in sediments in the Yellow River Estuary, China[J]. Environmental Earth Sciences, 71(2): 873-883.

HU N J, SHI X F, HUANG P, et al. 2011. Polycyclic aromatic hydrocarbons (PAHs) in surface sediments of Liaodong Bay, Bohai Sea, China[J]. Environmental Science and Pollution Research, 18(2): 163-172.

HUANG W X, WANG Z Y, YAN W. 2012. Distribution and sources of polycyclic aromatic hydrocarbons (PAHs) in sediments from Zhanjiang Bay and Leizhou Bay, South China[J]. Marine Pollution Bulletin, 64(9): 1962-1969.

INTERNATIONAL ENERGY AGENCY (IEA). 2006. Energy statistics and balances of non-OECD countries, 2003-2004[Z]. Paris: Organisation for Economic Cooperation and Development.

KO F C, BAKER J E. 1995. Partitioning of hydrophobic organic contaminants to resuspended sediments and plankton in the mesohaline Chesapeake Bay[J]. Marine Chemistry, 49(2): 171-188.

LI W H, TIAN Y Z, SHI G L, et al. 2012. Concentrations and sources of PAHs in surface sediments of the Fenhe reservoir and watershed, China[J]. Ecotoxicology and Environmental Safety, 75: 198-206.

LIU M L, FENG J L, HU P T, et al. 2016. Spatial-temporal distributions, sources of polycyclic aromatic hydrocarbons (PAHs) in surface water and suspended particular matter from the upper reach of Huaihe River, China[J]. Ecological Engineering, 95: 143-151.

LIU Z Y, HE L X, LU Y Z, et al. 2015. Distribution, source, and ecological risk assessment of polycyclic aromatic hydrocarbons (PAHs) in surface sediments from the Hun River, Northeast China[J]. Environmental Monitoring and Assessment, 187(5): 290.

MA W L, LI Y F, QI H, et al. 2010. Seasonal variations of sources of polycyclic aromatic hydrocarbons (PAHs) to a northeastern urban city, China[J]. Chemosphere, 79(4): 441-447.

MA W L, LIU L Y, QI H, et al. 2013. Polycyclic aromatic hydrocarbons in water, sediment and soil of the Songhua River Basin, China[J]. Environmental Monitoring and Assessment, 185(10): 8399-8409.

MAGI E, BIANCO R, IANNI C, et al. 2002. Distribution of polycyclic aromatic hydrocarbons in the sediments of the Adriatic Sea[J]. Environmental Pollution, 119(1): 91-98.

MAI B, QI S, ZENG E Y, et al. 2003. Distribution of polycyclic aromatic hydrocarbons in the coastal region off Macao, China: assessment of input sources and transport pathways using compositional analysis[J]. Environmental Science and Technology, 37(21): 4855-4863.

MANOLI E, KOURAS A, SAMARA C. 2004. Profile analysis of ambient and source emitted particle-bound polycyclic aromatic hydrocarbons from three sites in northern Greece[J]. Chemosphere, 56(9): 867-878.

MANOLI E, SAMARA C, 1999. Polycyclic aromatic hydrocarbons in natural waters: sources, occurrence and analysis[J]. TrAC-Trends in Analytical Chemistry, 18(6): 417-428.

ORECCHIO S. 2010. Assessment of polycyclic aromatic hydrocarbons (PAHs) in soil of a natural reserve (Isola delleFemmine) (Italy) located in front of a plant for the production of cement[J]. Journal of Hazardous Materials, 173(1-3): 358-368.

PATROLECCO L, ADEMOLLO N, CAPRI S, et al. 2010. Occurrence of priority hazardous PAHs in water, suspended particulate matter, sediment and common eels (*Anguilla anguilla*) in the urban stretch of the river Tiber (Italy)[J]. Chemosphere, 81(11): 1386-1392.

QIAO M, WANG C X, HUANG S B, et al. 2006. Composition, sources, and potential toxicological significance of PAHs in the surface sediments of the Meiliang Bay, Taihu Lake, China[J]. Environment International, 32(1): 28-33.

SARRIA-VILLA R, OCAMPO-DUQUE W, PÁEZ M, et al. 2016. Presence of PAHs in water and sediments of the Colombian Cauca River during heavy rain episodes, and implications for risk assessment[J]. Science of the Total Environment, 540: 455-465.

SHEN Z X, SUN J, CAO J J, et al. 2016. Chemical profiles of urban fugitive dust PM2.5 samples in northern Chinese cities[J]. Science of the Total Environment, 569: 619-626.

SOCLO H H, GARRIGUES P H, EWALD M. 2000. Origin of polycyclic aromatic hydrocarbons (PAHs) in coastal marine sediments: case studies in Cotonou (Benin) and Aquitaine (France) areas[J]. Marine Pollution Bulletin, 40(5): 387-396.

SZALINSKA E, GRGICAK-MANNION A, HAFFNER G D, et al. 2013. Assessment of decadal changes in sediment contamination in a large connecting channel (Detroit River, North America) [J]. Chemosphere, 93(9): 1773-1781.

VANE C H, HARRISON I, KIM A W. 2007. Polycyclic aromatic hydrocarbons (PAHs) and polychlorinated biphenyls (PCBs) in sediments from the Mersey Estuary, UK[J]. Science of the Total Environment, 374(1): 112-126.

WANG D G, TIAN F L, YANG M, et al. 2009. Application of positive matrix factorization to identify potential sources of PAHs in soil of Dalian, China[J]. Environmental Pollution, 157(5): 1559-1564.

WONGPHATARAKUL V, FRIEDLANDER S K, PINTO J P. 1998. A comparative study of $PM_{2.5}$ ambient aerosol chemical databases[J]. Journal of Aerosol Science, 29(24): 3926-3934.

YANG H H, LEE W J, CHEN S J, et al. 1998. PAH emission from various industrial stacks[J]. Journal of Hazardous Materials, 60(2): 159-174.

YU S X, SHANG J C, ZHAO J S, et al. 2003. Factor analysis and dynamics of water quality of the Songhua River, Northeast China[J]. Water Air and Soil Pollution, 144(1/4): 159-169.

YU W W, LIU R M, WANG J W, et al. 2015. Source apportionment of PAHs in surface sediments using positive matrix factorization combined with GIS for the estuarine area of the Yangtze River, China[J]. Chemosphere, 134: 263-271.

ZHANG D L, LIU J Q, JIANG X J, et al. 2016. Distribution, sources and ecological risk assessment of PAHs in surface sediments from the Luan River Estuary, China[J]. Marine Pollution Bulletin, 102(1): 223-229.

ZHANG Y X, TAO S. 2009. Global atmospheric emission inventory of polycyclic aromatic hydrocarbons (PAHs) for 2004[J]. Atmospheric Environment, 43(4): 812-819.

ZHAO X S, DING J, YOU H. 2014. Spatial distribution and temporal trends of polycyclic aromatic hydrocarbons (PAHs) in water and sediment from Songhua River, China[J]. Environmental Geochemistry and Health, 36(1): 131-143.

第7章　松花江多环芳烃沉积物-水交换行为与生态风险评估

随着沿岸工农业的快速发展和城市化进程的不断加快，大量工业废水和生活污水排放及大气环境中多环芳烃（PAHs）的干湿沉降已使松花江水体受到不同程度的污染，并对沿岸居民的饮用水及农业灌溉用水安全构成了潜在威胁。近年来，PAHs、多氯联苯（PCBs）和有机氯农药（OCPs）、重金属等持久性有毒污染物在松花江水体与沉积物中均有检出（Cui et al., 2016; Cai et al., 2014; Ma et al., 2013）。松花江沿岸存在大量石油化工企业，且受寒冷气候特点的影响，冬季用于供暖的煤炭消耗量较大，加之农业生产资料的过量施用，导致松花江已成为我国污染较为严重的河流之一（Zhu et al., 2012; Guo et al., 2007）。

关于有机污染物环境行为的研究主要集中在 PCBs、OCPs 和 PAHs 的土壤-大气、大气-水和沉积物-水交换方面（Cui et al., 2017; Dong et al., 2016; Wang et al., 2015; Zhao et al., 2014; Cabrerizo et al., 2011; Koelmans et al., 2010; Li et al., 2010; Wong et al., 2010; Feng et al., 2009; Jantunen et al., 1996; Harner et al., 1995）。沉积物作为污染物主要的"汇"和"源"，当污染物在沉积物和水间的平衡被破坏时，赋存在沉积物中的污染物将会被重新释放而进入水体，从而会对水环境质量造成不利影响（Zhao et al., 2014）。因此，管理受污染水体中 PAHs 的浓度需要充分了解 PAHs 在沉积物和水间的迁移及交换过程（Sabin et al., 2010）。为此，本章主要研究 PAHs 的沉积物-水交换行为，以期为区域范围内 PAHs 的污染控制与减排及工农业发展规划的制定等提供参考依据。

7.1 数据来源

本书收集了学者公开发表文献中有关松花江表层沉积物和水体中的 PAHs 浓度数据（Zhao et al., 2014; Ma et al., 2013），采样点位置信息及浓度数据见图 7-1 和图 7-2。本章以包括 4 月（春季）、5 月（初夏）、7 月（夏季）和 10 月（秋季，缺少沉积物）沉积物（以干重计）和水体中 15 种 PAHs 的浓度数据为基础，分析 PAHs 在沉积物-水的交换行为及其主要影响因素。

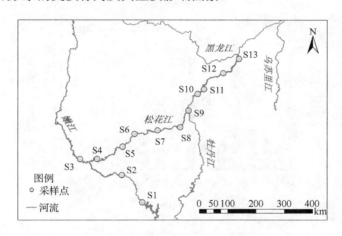

图 7-1 研究区采样点分布图

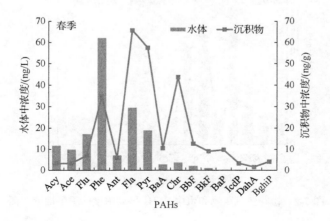

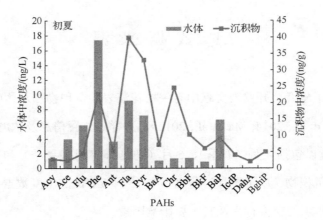
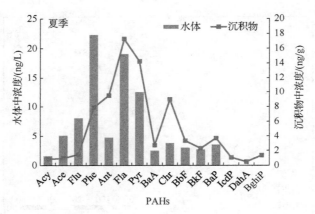
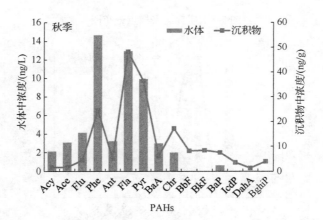

图 7-2 松花江沉积物和水中 PAHs 平均浓度的季节性分布图

7.2 沉积物-水交换

7.2.1 多环芳烃在沉积物-水中的分配

本节以沉积物和水体中 PAHs 的浓度、有机碳浓度以及相应的辛醇-水分配系数（K_{ow}）值为基础，应用式（2-27）～式（2-35）（详见第 2 章）研究 PAHs 的沉积物-水交换行为（表 7-1）。本书使用的 PAHs 浓度数据及有机碳浓度数据均来自公开发表的文献资料（Zhao et al., 2014; Ma et al., 2013），辛醇-水分配系数（K_{ow}）来自 Mackay 等（2006）和美国环境保护署（US EPA）的 EPI Suite™（US EPA, 2012），EPI Suite™由 PHYSPROP©（SRC, 2004）数据库中超过 40000 多个化学品数据库提供。K_{ow} 值通常与温度有关，是水体和有机相之间化学分配的一个关键参数。Jensen 等（2012）认为，生物浓缩因子（bioconcentration factors, BCF）与 K_{ow} 密切相关，因此，K_{ow} 将强烈影响着 PAHs 在沉积物和水生生物中的富集状况及沉积物-水交换行为。

由表 7-1 可知，除 IcdP 和 DahA 在水体中未检出外，其他 PAHs 的 ff 值均随环数的增加而降低。3 环和 4 环 PAHs 的 ff 平均值大于或等于 0.70，表明沉积物可以被视为二次排放源。然而，Fla、BaA 和 Chr 的 ff 最小值分别为 0.66、0.57 和 0.66，表明这些 PAHs 处于平衡状态和非平衡状态之间。BbF、BkF 和 BaP 的 ff 值小于或等于 0.30，表明 5 环 PAHs 由水体向沉积物中富集。因此，沉积物可视为高环 PAHs 的 "汇"，从而降低了水中高毒性污染物的浓度，特别是 BaP 的浓度。实际上，如果 PAHs 在沉积物-水交换的 ff 值介于 0.30 至 0.70 之间，表明 PAHs 在相邻环境介质中处于平衡状态（Bidleman et al., 2004; Meijer et al., 2003; Harner et al., 2001）。值得注意的是，BghiP 的 ff 平均值为 0.94，表明沉积物仍将作为其二次排放源，这可能是 BghiP 的 K_{ow} 值较高且水体中的浓度相对较低所致。因此，沉积物与水体中 PAHs 的浓度、理化性质、污染来源、有机碳浓度等均会影响它们的沉积物-水交换行为。

表 7-1 沉积物(ng/g)和水体(ng/L)中 PAHs 的浓度、辛醇-水分配系数(log K_{ow}),以及不同有机碳含量条件下的逸度分数(ff)

PAHs	logK_{ow}	水体				沉积物				ff			ff 0.32% OC	ff 1.68% OC
		最小值	最大值	平均值	标准差	最小值	最大值	平均值	标准差	最小值	最大值	平均值	平均值	平均值
Acy	3.94	1.53	12.18	4.37	5.21	0.70	3.48	2.15	1.23	0.83	0.98	0.95	0.98	0.89
Ace	3.92	3.10	10.07	5.58	3.10	0.83	3.64	2.11	1.18	0.86	0.96	0.94	0.97	0.87
Flu	4.18	4.15	17.32	8.86	5.86	1.37	7.36	4.43	2.45	0.80	0.94	0.91	0.96	0.83
Phe	4.46	14.60	61.86	29.04	22.11	7.77	35.00	22.49	11.22	0.74	0.93	0.89	0.95	0.80
Ant	4.54	3.23	7.37	4.76	1.86	5.02	9.45	6.48	2.07	0.84	0.97	0.93	0.97	0.85
Fla	5.22	9.22	29.62	17.70	8.92	17.21	65.60	42.70	20.13	0.66	0.90	0.82	0.92	0.68
Pyr	5.18	7.19	19.08	12.18	5.09	14.18	57.45	35.28	17.74	0.74	0.91	0.86	0.94	0.74
BaA	5.61	1.08	3.01	2.37	0.90	2.62	10.99	6.68	3.45	0.57	0.82	0.69	0.84	0.50
Chr	5.91	1.37	3.97	2.76	1.27	8.93	43.74	23.60	14.84	0.66	0.86	0.77	0.89	0.60
BbF	6.57	0.00	2.94	1.69	1.29	3.28	12.90	8.63	4.07	0.15	1.00	0.30	0.51	0.17
BkF	6.84	0.00	2.60	1.21	1.08	2.20	9.42	6.49	3.19	0.07	1.00	0.20	0.37	0.10
BaP	6.40	0.54	6.57	2.81	2.84	3.66	9.97	7.58	2.82	0.08	0.67	0.25	0.45	0.14
IcdP	7.66	0.00	0.00	0.00	0.00	1.03	4.03	3.02	1.35	1.00	1.00	1.00	1.00	1.00
DahA	6.50	0.00	0.00	0.00	0.00	0.43	1.96	1.35	0.69	1.00	1.00	1.00	1.00	1.00
BghiP	7.10	0.00	0.02	0.01	0.01	1.32	4.94	3.64	1.60	0.71	1.00	0.94	0.97	0.88

7.2.2 多环芳烃的季节性变化

根据 PAHs 浓度和平均有机碳浓度计算出不同季节 PAHs 的 ff 值，如图 7-3 所示。秋季 PAHs 的 ff 值较高，表明在夏季大量 PAHs 沉积后呈现二次释放。PAHs 的最低 ff 值出现在夏季，尤其是 5 环和 6 环 PAHs（BbF、BaP、IcdP、DahA 和 BghiP）浓度特别丰富，表明水体中高环 PAHs 正在向沉积物富集。松花江流域的降水主要发生在夏季，对流域整体来说，大气沉降可能是夏季水体中 PAHs 的主要来源。Zhang 等（2011）通过数值模拟对 PAHs 大气排放及流出特征的研究表明，东亚季风和西风带是影响 PAHs 大气传输的关键因素。因此，夏季 PAHs 的 ff 值相对较小，可能与水体中 PAHs 的浓度相对于沉积物较高有关。Lang 等（2007a）对 16 种 PAHs 的数值模拟研究结果表明，温度和沉降是影响 PAHs 季节变化的主要原因。Lang 等（2007b）的研究还表明，在东亚季风的影响下，夏季广东地区排放的 PAHs 将会影响到我国北部地区。由此也可以进一步推断出大气传输及本地排放源的沉降可能是夏季松花江干流 PAHs 的主要来源。此外，由于 IcdP、DahA 和 BghiP 在水体中无法被检测到或浓度较低，它们在春季、初夏和秋季的 ff 值较高，因此 PAHs 在水体和沉积物中的相对浓度、气象因素及其长距离大气传输等均会影响其在沉积物与水之间的平衡状态。

此外，有机污染物的环境行为也与温度密切相关，高温可导致赋存在相对稳定环境介质中的有机污染物快速释放。Lang 等（2007a）的研究表明，温度和降水是影响 PAHs 浓度呈现季节性变化特征的重要参数。图 7-4 描述了 3 环和 5 环 PAHs（包括 Flu、Phe、Fla 和 BaP）的 ff 值季节性变化。Flu、Phe 和 Fla 表现为倒"V"形曲线，而 BaP 表现为"U"形曲线。这些曲线表明沉积物-水交换的变化具有规律性，低分子量的 PAHs 变化最大，这可能与其活跃的理化性质有关。然而，高分子量的 BaP 变化幅度较小，与水体相比，BaP 在沉积物中相对稳定，这将会进一步增加 BaP 在沉积物中的生态风险。

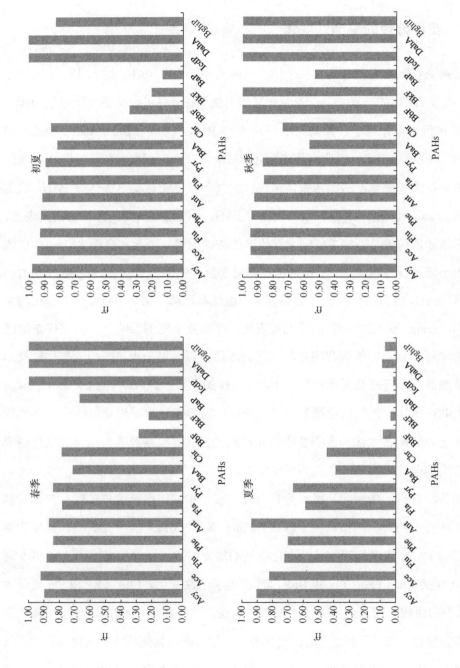

图 7-3 PAHs 的 f_f 值季节性变化

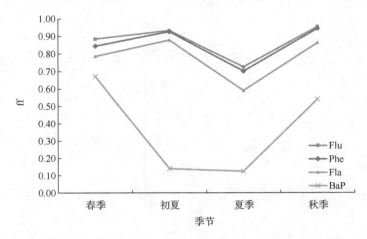

图 7-4 Flu、Phe、Fla 和 BaP 的 ff 值季节性变化

7.2.3 多环芳烃浓度对沉积物-水交换的影响

PAHs 的来源广泛,这些来源将影响不同环境介质中 PAHs 的浓度与交换行为。相邻环境介质中 PAHs 浓度的差异也会影响净通量变化趋势 (Wang et al., 2011),即沉积物与水体之间 PAHs 浓度的差异会影响 PAHs 的迁移和扩散。

通过上述分析,本书应用水体与沉积物之间 PAHs 浓度的比值 ($C_{water}/C_{sediment}$) 来了解 PAHs 浓度对界面交换行为的影响。Pesrson 相关分析的结果表明,$C_{water}/C_{sediment}$ 与 ff 呈显著负相关[Flu($R=-1.000, p=0.000$);Phe($R=-0.993, p=0.007$);Fla($R=-0.998, p=0.002$);BaP($R=-0.971, p=0.029$)],如图 7-5 所示。

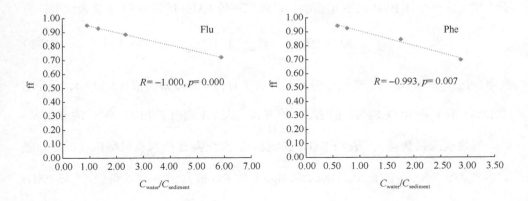

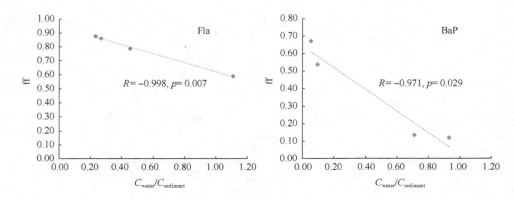

图 7-5 水和沉积物的浓度比（$C_{water}/C_{sediment}$）与 ff 的关系

$C_{water}/C_{sediment}$ 的简化定性分析方法可用于评估 PAHs 在沉积物和水间的交换方向，但其仅适用于比较一段时间内沉积物-水交换程度，如季节性变化或时间序列数据。由于 $C_{water}/C_{sediment}$ 一般与 PAHs 的浓度、沉积物中的有机碳浓度、PAHs 的物理化学特性等有关，因此其不能用于确定 PAHs 的平衡状态。

7.2.4 逸度分数对有机碳变化的响应

通常，在有机碳浓度一定的情况下，PAHs 的理化性质会影响其在沉积物和水体中的交换行为。因此，本章引入响应系数（response coefficient, RC）来探讨有机碳浓度变化对个体 PAH 的 ff 值影响，以此来评价 PAHs 的沉积物-水交换情况：

$$RC = (ff_{min,oc} - ff_{max,oc}) / ff_{mean,oc} \qquad (7-1)$$

式中，$ff_{max,oc}$、$ff_{min,oc}$ 和 $ff_{mean,oc}$ 分别是对应于有机碳浓度最大值（1.68%）、最小值（0.32%）和平均值（0.89%）的 PAHs 的 ff 值（表 7-1 列出了 15 种 PAHs 的 ff 值）。

通常响应系数越大，表明 PAHs 的沉积物-水交换 ff 值对有机碳浓度的变化越敏感，见图 7-6（不含 IcdP、DahA 和 BghiP 的 RC 值）。由图 7-6 可知，5 环 PAHs

的 ff 值分数对有机碳浓度的变化最为敏感,而对 2~4 环 PAHs 来说,由于其具有较高的水溶解度及较低的 K_{ow},其 ff 值对有机碳浓度的敏感性则相对较弱,从而易于进行沉积物-水交换行为。为进一步探讨有机碳浓度变化对 PAHs 沉积物-水交换行为的影响,有机碳浓度每提高 0.1%,则会引起 PAHs 的 ff 值随着环数的增加而降低。由此可见,随着 PAHs 环数的增加,其对有机碳浓度变化的敏感程度逐渐增大,这也将进一步导致低环 PAHs 因其易于进行沉积物-水交换,从而会对水环境质量产生较大影响。

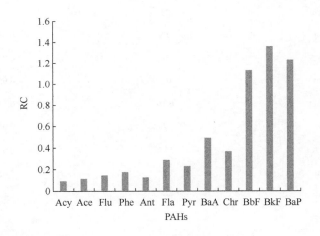

图 7-6　PAHs 的 ff 对有机碳浓度的响应系数

7.3　生态风险评估

生活在水环境中的常见水生生物包括浮游植物、浮游动物、无脊椎动物和鱼类等,它们与水质的关系非常密切。本章应用危害熵(HQ)来评估松花江水环境中 PAHs 对水生生物的生态风险,该方法曾被用于确定有机化合物的风险特征,其计算公式如下:

$$HQ = \frac{C_{exposure}}{TRV} \tag{7-2}$$

式中，$C_{exposure}$ 是 PAHs 的环境监测浓度，TRV 是 PAHs 的毒性参考值，取值见表 7-2。通常 HQ > 1.0 表示某种 PAH 对水生生态系统构成潜在威胁，HQ < 1.0 表示风险相对较低。

表 7-2　淡水和沉积物中 PAHs 的毒性参考值

PAHs	水体/(μg/L)	沉积物/(μg/g)
Acy	—	—
Ace	23	—
Flu	11	0.077
Phe	30	0.042
Ant	0.3	0.057
Fla	6.16	0.111
Pyr	7	0.053
BaA	34.6	0.032
Chr	7	0.057
BbF	—	—
BkF	—	—
BaP	0.014	0.032
IcdP	—	—
DahA	5	0.033
BghiP	—	—
ΣPAHs	—	4

由图 7-7 可知，除春季沉积物中的 Pyr 外，松花江不同季节 PAHs 的 HQ 值均小于 1.0。此外，与我国其他河流（如辽河、九龙江等）相比，松花江水环境中 PAHs 的 HQ 值也相对较低。因此，PAHs 对松花江水生生物的生态风险相对较低。

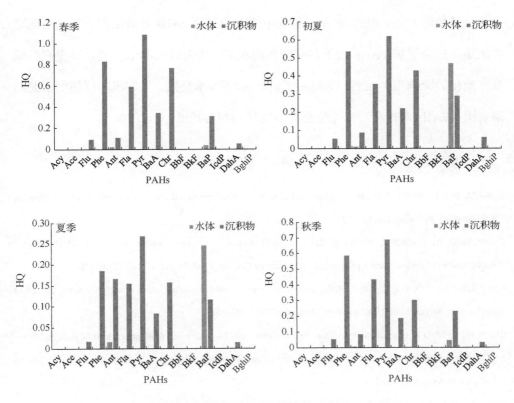

图 7-7 不同季节 PAHs 的危害熵（HQ）

7.4 本章小结

本章对 PAHs 的沉积物-水交换行为和生态风险进行了研究。结果表明，松花江水环境中沉积物可以被视为 3 环和 4 环 PAHs 的二次排放源，而 5 环 PAHs 则趋向于在沉积物中富集。ff 值的季节性变化表明，夏季大量 PAHs 沉积会导致其在秋季的二次释放，而 5 环和 6 环 PAHs（BbF、BaP、IcdP、DahA 和 BghiP）的最低 ff 值出现在夏季，表明水体中高环 PAHs 正在向沉积物富集。水体和沉积物中 PAHs 浓度比值的简化定性方法可用于初步评估其在沉积物和水间的交换方向。

与低分子量的 PAHs 相比,水和沉积物中的高分子量 PAHs 对碳浓度变化的响应更为敏感,低分子量 PAHs 由于具有较高的水溶解度及较低的 K_{ow} 值,其受有机碳浓度变化的影响相对较弱,从而易于进行沉积物-水交换。生态风险评估的研究结果表明,PAHs 对松花江水生生物的生态风险相对较低。

参 考 文 献

BIDLEMAN T F, LEONE A D. 2004. Soil-air exchange of organochlorine pesticides in the Southern United States[J]. Environmental Pollution, 128(1): 49-57.

CABRERIZO A, DACHS J, JONES K C, et al. 2011. Soil-Air exchange controls on background atmospheric concentrations of organochlorine pesticides[J]. Atmospheric Chemistry and Physics, 11(24): 12799-12811.

CAI S R, SUN K, DONG S Y, et al. 2014. Assessment of organochlorine pesticide residues in water, sediment, and fish of the Songhua River, China[J]. Environmental Forensics, 15(5): 352-357.

CUI S, FU Q, GUO L, et al. 2016. Spatial-temporal variation, possible source and ecological risk of PCBs in sediments from Songhua River, China: effects of PCB elimination policy and reverse management framework[J]. Marine Pollution Bulletin, 106(1-2): 109-118.

CUI S, FU Q, LI Y F, et al. 2017. Spatial-temporal variations, possible sources and soil-air exchange of polychlorinated biphenyls in urban environments in China[J]. RSC Advances, 7(24): 14797-14804.

DONG D.M, LIU X X, HUA X Y, et al. 2016. Sedimentary record of polycyclic aromatic hydrocarbons in Songhua River, China[J]. Environmental Earth Sciences, 75(6): 508.

FENG Y J, SUN Q F, GAO P, et al. 2009. Polycyclic aromatic hydrocarbons in surface water from the Songhua River of China[J]. Fresenius Environmental Bulletin, 18(12): 2388-2395.

GUO W, HE M C, YANG Z F, et al. 2007. Comparison of polycyclic aromatic hydrocarbons in sediments from the Songhuajiang River (China) during different sampling seasons[J]. Journal of Environmental Science and Health Part A-Toxic/Hazardous Substances and Environmental Engineering, 42(2): 119-127.

HARNER T, BIDLEMAN T F, MACKAY D. 2001. Soil-air exchange model of persistent pesticides in the United States Cotton Belt[J]. Environmental Toxicology and Chemistry, 20(7): 1612-1621.

HARNER T, MACKAY D, JONES K C. 1995. Model of the long-term exchange of PCBs between soil and the atmosphere in the southern UK[J]. Environmental Science and Technology, 29(5): 1200-1209.

JANTUNEN L M, BIDLEMAN T. 1996. Air-water gas exchange of hexachlorocyclohexanes (HCHs) and the enantiomers of α-HCH in Arctic regions[J]. Journal of Geophysical Research, 101: 28837-28846.

JENSEN L K, HONKANEN J O, JAEGER I, et al. 2012. Bioaccumulation of phenanthrene and benzo[a]pyrene in Calanus finmarchicus[J]. Ecotoxicology And Environmental Safety, 78: 225-231.

KOELMANS A A, POOT A, LANGE H J D, et al. 2010. Estimation of in situ sediment-to-water fluxes of polycyclic aromatic hydrocarbons, polychlorobiphenyls and polybrominated diphenylethers[J]. Environmental Science and Technology, 44(8): 3014-3020.

LANG C, TAO S, WANG X J, et al. 2007a. Seasonal variation of polycyclic aromatic hydrocarbons (PAHs) in Pearl River Delta region, China[J]. Atmospheric Environment, 41: 8370-8379.

LANG C, TAO S, ZHANG G, et al. 2007b. Outflow of polycyclic aromatic hydrocarbons from Guangdong, Southern China[J]. Environmental Science and Technology, 41(24): 8370-8375.

LI Y F, HARNER T, LIU L Y, et al. 2010. Polychlorinated biphenyls in global air and surface soil: distributions, air-soil exchange, and fractionation effect[J]. Environmental Science and Technology, 44(8): 2784-2790.

MA W L, LIU L Y, QI H, et al. 2013. Polycyclic aromatic hydrocarbons in water, sediment and soil of the Songhua River Basin, China[J]. Environmental Monitoring and Assessment, 185(10): 8399-8409.

MACKAY D, SHIU W Y, LEE S C, et al. 2006. Handbook of Physical-Chemical Properties and Environmental Fate for Organic Chemicals[M]. 2nd ed. Boca Raton: CRC Press LLC.

MEIJER S N, SHOEIB M, JANTUNEN L M M, et al. 2003. Air-soil exchange of organochlorine pesticides in agricultural soils. 1. Field measurements using a novel in situ sampling device[J]. Environmental Science and Technology, 33(7): 1292-1299.

SABIN L D, MARUYA K A, LAO W J, et al. 2010. Exchange of polycyclic aromatic hydrocarbons among the atmosphere, water, and sediment in coastal embayments of southern California, USA[J]. Environmental Toxicology and Chemistry, 29(2): 265-274.

SYRACUSE RESEARCH CORPORATION(SRC). 2004. PHYSPROP Database[Z]. North Syracuse: Syracuse Research Corporation.

UNITED STATES ENVIRONMENTAL PROTECTION AGENCY. 2012. Estimation Programs Interface Suite™[Z]. Washington: US EPA.

WANG C, CYTERSKI M, FENG Y J, et al. 2015. Spatiotemporal characteristics of organic contaminant concentrations and ecological risk assessment in the Songhua River, China[J]. Environmental Science-Processes and Impacts, 17(11): 1967-1975.

WANG D G, ALAEE M, BYER J, et al. 2011. Fugacity approach to evaluate the sediment-water diffusion of polycyclic aromatic hydrocarbons[J]. Journal of Environmental Monitoring, 13(6): 1589-1596.

WONG F, ALEGRIA H A, BIDLEMAN T F. 2010. Organochlorine pesticides in soils of Mexico and the potential for soil-air exchange[J]. Environmental Pollution, 158(3): 749-755.

ZHANG Y X, SHEN H Z, TAO S, et al. 2011. Modeling the atmospheric transport and outflow of polycyclic aromatic hydrocarbons emitted from China[J]. Atmospheric Environment, 45(17): 2820-2827.

ZHAO X S, DING J, YOU H. 2014. Spatial distribution and temporal trends of polycyclic aromatic hydrocarbons (PAHs) in water and sediment from Songhua River, China[J]. Environmental Geochemistry and Health, 36(1): 131-143.

ZHU H, YAN B X, CAO H C, et al. 2012. Risk assessment for methylmercury in fish from the Songhua River, China: 30 years after mercury-containing wastewater outfalls were eliminated[J]. Environmental Monitoring and Assessment, 184(1): 77-88.

第8章 松花江典型工业区段多氯联苯组分特征与残留清单

多氯联苯（PCBs）是一类疏水性氯化有机化学品，也是首批被列为《关于持久性有机污染物的斯德哥尔摩公约》所禁止使用的12种持久性有机污染物（POPs）之一（UNEP, 2001）。由于PCBs具有非凡的稳定性，而被商业化生产并广泛应用于工业中（Yang et al., 2012）。因其具有高毒性、环境持久性、生物富集性，且能够进行长距离大气传输及其对生态系统和人类健康的危害而引起全球范围内的普遍关注（Ren et al., 2007; Xing et al., 2005）。

1965~1974年10年间我国共生产了PCBs约10000 t，占全球PCBs总产量的0.8%。其中9000 t为三氯联苯（TriCB），也被称为1#PCBs；1000 t为五氯联苯（PentaCB），也被称为2#PCBs（Xing et al., 2005）。我国的PCBs产品主要由DiCB（二氯联苯）、TriCB、TetraCB（四氯联苯）和PentaCB组成，分别占PCB同族体的12.6%、41.6%、29.0%和12.8%（张志等，2010）。然而，通过对我国水系沉积物中PCB同族体分布格局的研究表明，TetraCB是浓度最高的组分（Zhang et al., 2014; Hong et al., 2012; He et al., 2006）。一般情况下，环境中的PCBs可通过大气干湿沉降、废污水排放以及地表径流等方式进入地表水环境，并可吸附在水体中的悬浮颗粒上，进而沉降至表层沉积物（Yang et al., 2012; Totten et al., 2002）。由于PCBs在水中的溶解度相对较低，并具有较高的辛醇-水分配系数（K_{ow}），沉积物可视为水环境中污染物（如PCBs、PAHs、OCPs、重金属等）的主要储存场所，其污染物的浓度水平可作为反映区域工业发展状况及人类活动强度的重要指标。

历史上商业化 PCBs 产品[即故意生产的 PCBs（IP-PCBs）]生产和使用过程中的排放、工业热处理过程中非故意产生 PCBs（UP-PCBs）的排放以及废弃电气和电子设备（E-waste PCBs, EW-PCBs）的排放是环境中 PCBs 的主要来源（Cui et al., 2015, 2013; Breivik et al., 2014, 2011, 2002; Liu et al., 2013）。目前，学者通过研究揭示了冶金活动、铸铁、炼焦、铁矿烧结以及水泥生产等行业的工业热处理过程中 PCBs 的排放情况并建立了相应的排放因子（Liu et al., 2013; Dong et al., 2011; 杨淑伟等，2010; Ba et al., 2009a, 2009b）。作者课题组基于日本学者 Ishikawa 等（2007）和中国学者 Liu 等（2013）建立的排放因子，先后编制了国家尺度 UP-PCBs 的网格化排放清单及其修正清单，并分别估算了中国 UP-PCBs 的总排放量为 132.5 t 和 8.56 t（Cui et al., 2015, 2013），其中水泥生产为 UP-PCBs 的最大贡献源。实际上，随着工业化和城市化的快速发展以及 IP-PCBs 的禁止生产和使用，非故意产生和电子垃圾拆解已成为环境中 PCBs 的重要来源，因此政府应加大排放源的管控力度，这也是减少 PCBs 进入生态系统和降低生物体暴露 PCBs 剂量较有效的措施之一（Schuster et al., 2010）。除了工业热处理过程之外，印染及化学品的制造过程中也会排放 PCBs（Anezaki et al., 2015a, 2015b, 2014）。

有关工业热处理过程中 PCBs 的排放，Liu 等（2013）和 Ishikawa 等（2007）分别建立了我国和日本水泥厂烟气和灰尘中 UP-PCBs 的排放因子，推动了 UP-PCBs 排放清单的编制和建立工作。然而，水泥生产过程中 UP-PCBs 对环境介质（如土壤、沉积物和水体）的影响尚未被充分揭示。土壤和沉积物常被视为挥发性有机污染物的主要储存场所和二次排放源，当环境条件发生改变时，水体和沉积物间的平衡状态将会被打破，赋存在其中的环境污染物也会随之被重新释放至水体，从而对水生生态系统及沿岸居民的身体健康产生不利影响。因此，本书初步调查了松花江工业区附近表层沉积物中 PCBs 的污染水平及其组分特征，估算了水泥厂附近 PCBs 的残留量，探寻了 PCBs 的排放及污染特征，并揭示了其潜在生态风险。

8.1 样品采集

水泥生产过程中非故意产生的 PCBs 会通过大气沉降等方式进入水体和沉积物，因此作者课题组在松花江哈尔滨段水泥厂附近采集了表层沉积物样品。其中，采样点 A 位于水泥厂上游的滨北线松花江公铁桥附近，采样点 B 毗邻水泥厂，采样点 C 位于水泥厂下游的松花江大桥附近（图 8-1）。每个采样点按 50 m 间隔布设 3 个分样点，并使用预先清洗过的不锈钢采样铲采集沉积物样品，并在现场混合均匀后装入预先清洗过的铝盒中，然后送至国际持久性有毒物质联合研究中心（IJRC-PTS）实验室，于 -20°C 的环境中保存。

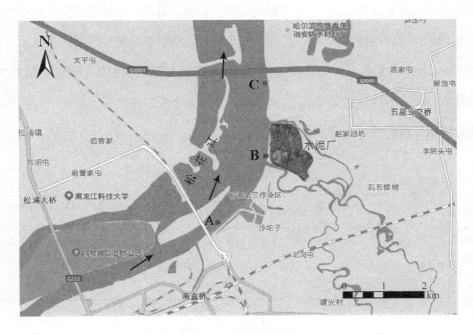

图 8-1 采样点分布图

8.2 多氯联苯的浓度水平

作者课题组在松花江哈尔滨段水泥厂附近的沉积物中共检测到 35 种 PCB 同系物，根据氯原子的取代数量可分为 6 个 PCB 同族体。因此，以 $\Sigma_{35}PCBs$ 的总浓度（以干重计）来反映研究区域整体的污染状况。由表 8-1 可知，$\Sigma_{35}PCBs$ 的平均值为 1.56 ng/g，浓度范围为 1.12~2.19 ng/g。PCBs 浓度的空间分布呈现出水泥厂下游（采样点 C）>水泥厂（采样点 B）>水泥厂上游（采样点 A）的分布趋势。采样点 C 处 PCBs 浓度较高的原因可能主要与上游的污染输入及点源排放有关。除采样点 C 处的本地排放源以外，来自上游的水体也可能会受到水泥厂污染物排放的影响而使该处浓度升高。此外，PCBs 还可通过大气沉降而进入水体后沉积至表层沉积物中。本章还将研究区域表层沉积物中 PCBs 的浓度水平与其他研究进行对比，结果见表 8-2。尽管不同研究的采样时间、方法、分析过程以及所检测到的 PCB 同系物种类可能不同，但不同研究的对比结果可在某种程度上反映出沉积物中 PCBs 的污染水平和组分特征。与其他河流或海洋环境相比，研究区域 PCBs 的总浓度相对较低，但是沉积物中 PCBs 的污染特征反映出了工业生产和人类活动对区域环境质量的影响。

表 8-1 沉积物中 PCBs 总浓度

采样点	TOC /%	$\Sigma PCBs$ /(ng/g)	$\Sigma_{2-4}PCBs$ /(ng/g)	$\Sigma PCBs$/(1% TOC 含量标准化，ng/g)	$\Sigma_{2-4}PCBs$/(1% TOC 含量标准化，ng/g)
采样点 A	1.28	1.12	0	0.87	0
采样点 B	2.79	1.40	1.30	0.50	0.47
采样点 C	1.03	2.19	0.49	2.12	0.48

表 8-2 不同区域沉积物中 PCBs 浓度水平的对比情况

研究区域	PCB 检出数量	采样时间	沉积物/(ng/g) 范围	沉积物/(ng/g) 平均值	出处
大运河（中国）	16	2008 年	0.5～93	—	Hong et al., 2012
黄河（中国）	—	2004 年	ND～5.98	3.10	He et al., 2006
钦州湾（中国）	35	2010 年	1.62～62.63	9.87	Zhang et al., 2014
巢湖（中国）	28	2009 年	11.07～42.71	23.24	Wang et al., 2014
乐清湾（中国）			9.80～17.77		
象山湾（中国）	22	2006 年	9.51～12.91	—	Yang et al., 2011
三门湾（中国）			9.33～19.60		
长江（中国）	39	2005 年	1.2～45.1	9.2	Yang et al., 2009a
珠江三角洲（中国）	37	—	5.10～11.0	7.96	Wang et al., 2011
海河及海河河口地区（中国）	32	2007 年	ND～253	66.8	Zhao et al., 2010
Naples harbor（意大利）	38	2004 年	1～899	—	Sprovieri et al., 2007
Mersey River（英国）	—	2000～2002 年	36～1 409	—	Vane et al., 2007
Houston Ship Channel（美国）	18	2002～2003 年	4.18～4 601	168	Howell et al., 2008
松花江（中国）	57	2007～2008 年	0.26～9.7	1.9	You et al., 2011
松花江（中国）	27	2008 年	1.74～6.25	—	聂海峰等，2012
松花江（中国）	35	2014 年	1.12～2.19	1.56	本章

注：ND 表示未检出。

8.3 理化性质和总有机碳对多氯联苯浓度的影响

如果沉积物中的 PCBs 来源于附近工业区的大气排放或经大气长距离传输而沉降至水体，并受水体中悬浮颗粒物的沉降或水与沉积物之间的扩散作用影响，那么 PCBs 的浓度则可能会与沉积物中的总有机碳（TOC）浓度相关。换言之，沉积物中有机污染物的迁移转化和二次分配通常受其组成结构以及 TOC 浓度的影响；而不同 PCB 同系物则会受其理化性质的影响（Yang et al., 2011; Yang et al.,

2009b)。由于经 TOC 标准化后的 PCBs 浓度通常能够更好地反映出有机污染物的污染状况,因此本章将沉积物中的 PCBs 浓度按 1%TOC 含量标准化(He et al., 2006; Tao et al., 2004)。由表 8-1 可以看出,水泥厂附近表层沉积物中 PCBs 的含量(按 1%TOC 含量标准化)远低于 US EPA 于 1989 年所规定的沉积物中 PCBs 的最高允许限值(195 ng/g)。这表明水泥厂附近的表层沉积物仅受到了 PCBs 的轻微污染,其可能造成的潜在生态风险相对较低。然而,为进一步研究 TOC 标准化后对沉积物中 PCBs 分布的影响,本章选择比高氯代 PCB(PentaCB 和 HexaCB)理化性质更为活跃的低氯代 PCB(DiCB 至 TetraCB)作为目标研究污染物来探寻 TOC 浓度变化的影响。采样点 C 处与 A 处相似,PentaCB 和 HexaCB 浓度较高为主要贡献者,表明其很可能来源于本地含有 PCBs 产品的故意生产排放。值得注意的是,DiCB 至 TetraCB 在临近水泥厂的采样点 B 处占主导地位,但是位于水泥厂下游采样点 C 处的 DiCB 浓度更高(图 8-2)。采样点 B 处沉积物中的 DiCB 至 TetraCB 可能来源于水体悬浮颗粒物的沉积。同样,采样点 C 处的 DiCB 和 TetraCB 也可能来源于水体悬浮颗粒物的沉积,与 TetraCB 相比它们具有更高的水溶性和挥发性,特别是在雨季可随水流进行长距离传输。这也表明 DiCB 在水体环境中具有很好的迁移能力,并且不会受到沉积物中 TOC 浓度的影响。除沉积物中 TOC 的影响外,污染物理化性质的差异也可能会对其空间分布特征和迁移能力产生一定影响,例如,Li 等(2002)具有里程碑式的开创研究工作,证实了 α-HCH 和 β-HCH 理化性质的不同导致其进入北极的传输路径也存在明显差异。

8.4 沉积物中多氯联苯组分特征

8.4.1 多氯联苯同族体

水泥厂附近三个采样点的表层沉积物均受到了 PCBs 的轻微污染,但是不同采样点处 PCBs 的组分特征却存在明显差异（图 8-2），这表明不同采样点的 PCBs 污染或排放来源可能不同。在采样点 A 处，PentaCB 和 HexaCB 为主要组分，该结果与 Aroclor 1254 组成相似（PentaCB 和 HexaCB 占比分别为 49.3%和 27.8%）。采样点 C 处，不同 PCBs 的占比呈 PentaCB > DiCB > HexaCB > TriCB > HeptaCB 的趋势。值得注意的是，尽管 TriCB 占中国 PCBs 产品组分的 41.58%（张志等，2010），但其在采样点 A 和 C 处的浓度却很低，甚至并未检出。与高氯代 PCBs 相比，这可能是由于低氯代 PCBs 具有较高的蒸气压、水溶性和生物可降解性，其更易通过水流传输或通过空气-水界面扩散至大气环境中（Wania et al., 1996）。从我国不同研究机构对中国河流沉积物中 PCBs 组成格局的研究结果来看，TetraCB 是所有研究中丰度最高的同族体，例如大运河（Hong et al., 2012）、黄河（He et al., 2006）、钦州湾（Zhang et al., 2014）等相关研究。然而，本章中 PCB 同族体的组分特征与以往的研究却有所不同，TetraCB 在沉积物中并没有占主导地位，在采样点 A 和 C 中甚至没有检出，这与聂海峰等（2012）对沉积物中 PCBs 来源和空间分布特征的研究相似，但是不同于 You 等（2011）对松花江 PCBs 空间和季节性变化的研究。

由图 8-2 可知，采样点 B 处 PCB 同族体的浓度呈 TriCB > TetraCB > DiCB > PentaCB > HexaCB 的趋势。其中，DiCB 至 TetraCB 所占 PCB 同族体的比例最大（92.6%），这表明本地排放源可能占研究区域 PCBs 来源的主导地位。此外，有关同族体的组分特征也表明，来自点源排放的污染输入或许是该区域沉积物中 PCBs 的主要贡献源，这可能是水泥厂生产过程中所排放的 PCBs 经大气沉降而进入表层沉积物的结果。Liu 等（2013）的研究已经证实了水泥生产过程中 PCBs 的大气排放是工业热处理过程中 UP-PCBs 的主要排放源之一，而在 PCB 同族体中，TriCB

是我国工业热处理过程（如水泥工业）中排放量最大的同族体，其次为 TetraCB 和 PentaCB。

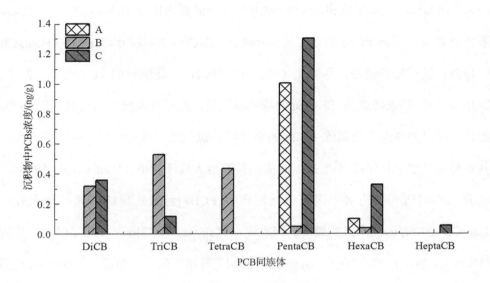

图 8-2 沉积物中 PCB 同族体的浓度情况

图 8-3 为 UP-PCBs 大气排放（Liu et al., 2013; Ishikawa et al., 2007）、松花江哈尔滨段水泥厂附近沉积物中 PCBs（本书）和中国 IP-PCBs 产品（张志等，2010）的同族体组分特征。其中，Liu 等（2013）的研究表明，TriCB、TetraCB 和 PentaCB 分别占我国水泥工业热处理过程 PCBs 排放总量的 67.5%、20.6% 和 10.0%。这与 Ishikawa 等（2007）的研究结果不同，其对日本水泥厂烟气和扬尘中 PCBs 的监测结果显示，MoCB（一氯联苯）和 DiCB 为主要组分，约占总 PCBs 浓度的 78.8%～97.3%。本章沉积物中的 PCB 同族体组分特征与 Liu 等（2013）和 Ishikawa 等（2007）的研究均不相同，TriCB、TetraCB 和 DiCB 分别占总 PCBs 浓度的 38.0%、31.4% 和 23.2%。DiCB 至 TetraCB 所占比例较高的原因可能与水泥生产过程中 UP-PCBs 的高排放强度有关。

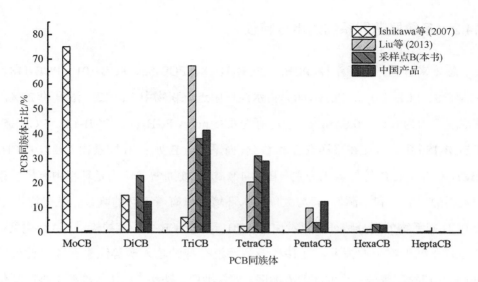

图 8-3 PCB 同族体组分特征

一般情况下，长距离传输和本地污染源的排放被认为是环境介质中污染物的主要输入途径。然而，由于 DiCB 至 TetraCB 同族体占我国 PCBs 产品的比例很大，但其在采样点 A 处均未检测到，因此本书排除了长距离大气传输输入的影响。此外，它们的挥发性更强，虽然能够在大气中进行长距离传输，但是它们与羟基自由基的反应速率比高氯代 PCB 同族体更快，传输过程更容易被降解（Totten et al., 2002; Anderson et al., 1996）。

IP-PCBs 和 UP-PCBs 排放至大气后进入河流水体和沉积物被认为是主要的输入路径。实际上，尽管 PCBs 在我国并没有被大量生产和广泛使用（Duan et al., 2013），但产生和排放至环境中的 UP-PCBs 仍不容忽视（Cui et al., 2013）。本章发现 DiCB 和 TriCB 的同族体可随着水流由采样点 B 迁移至采样点 C 处并存储在沉积物中。DiCB 和 TriCB 同族体浓度的最大值出现在水泥厂附近（采样点 B），低氯代 PCB 同族体的浓度随着距该区域距离的增加而升高（图 8-3）。然而，高氯代 PCB 同族体主要是由于本地源的排放而进入水体后储存在沉积物中。

8.4.2 多氯联苯同系物的组分特征

总体来看，7 种指示性 PCBs（PCB-31/28、PCB-52、PCB-101、PCB-118、PCB-138、PCB-153 和 PCB-180）占水泥厂附近沉积物中 Σ_{35}PCBs 浓度的 22%，其浓度范围为 0.17~0.62 ng/g，平均值为 0.35 ng/g。PCB-118、PCB-138、PCB-153 和 PCB-180 主要分布在采样点 B 和 C 处，而采样点 B 处 PCB 同系物主要以 DiCB、TriCB 和 TetraCB 等低氯代为主（图 8-4）。沉积物通常被认为是环境中有机污染物主要的"汇"和"源"，其与大气和水环境质量有着密切的联系。从采样点 A 处 PCB 同系物的组分特征可以看出，DiCB 至 TetraCB 并没有被检出，这种现象可能与其在沉积物中的挥发、迁移和降解及没有持续输入源等因素有关。此外，PentaCB 在我国曾被用作油漆的添加剂，如在港口、铁路、道桥等结构上被广泛使用（Xing et al., 2005）。因此，桥梁上含有 PCBs 耐腐蚀涂料会影响周边沉积物的质量（如采样点 A 和 C）。Odabasi 等（2008）对 PCBs 水-气交换的研究表明，其交换通量范围大致为-0.2（PCB-101）~-30.0 ng/($m^2 \cdot$day)（PCB-31），而这种水-气交换行为主要发生在夏季。本章研究区域位于我国的东北高寒地区，冬季冻结期近 6 个月，因此这可能在一定程度上阻止了污染物在不同环境介质间的交换。因此，随着夏季气温的升高，沉积物-水-大气界面间可能进行了大量的 PCBs 交换，并随着河流向下游转移，特别是对于低氯代 PCBs。从理论上来讲，低氯代 PCBs 相对容易降解，而持续的外源性输入导致了低氯代 PCBs 在排放源区及其下游地区沉积物中处于相对稳定的状态。

另外，由图 8-4 和图 8-5 可以看出，我国商业化产品中 PCB-18、PCB-22、PCB-31/28 和 PCB-33 的浓度之和占 PCB 同系物总浓度的 41.5%，松花江哈尔滨段水泥厂（采样点 B）附近沉积物中 PCB-4、PCB-7/9、PCB-22、PCB-26、PCB-31/28 和 PCB-33 的浓度之和占 PCB 同系物总浓度的 40.7%。Ishikawa 等（2007）对日本水泥工业烟气排放 PCBs 的研究表明，低氯代 PCBs，如 PCB-3、PCB-8/5、PCB-18、PCB-20/33 和 PCB-31/28 是 PCB 的主要同系物。图 8-4 表明，研究区域表层沉积物中包含不同的 PCB 同系物，这表明该区域存在不同的污染来源。水泥厂上、下游 PCB 同系物的对比研究表明，水泥生产过程对沉积物中 PCB 的浓度水平影响极大。此外，在水泥厂的下游还可以检测到如 PCB-4/10、PCB-6、PCB-7/9 和 PCB-26 等 PCBs，但是在上游的沉积物中这些同系物并没有检出。

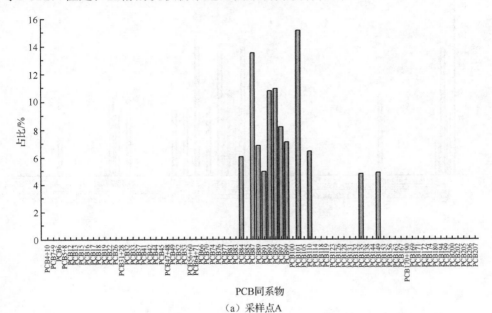

(a) 采样点A

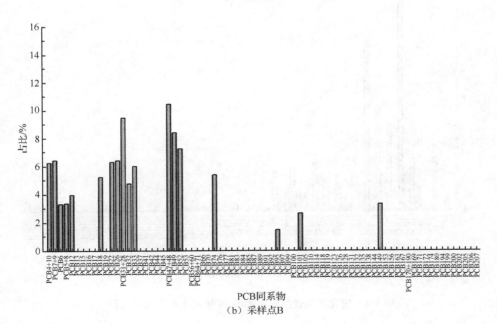

(b) 采样点B

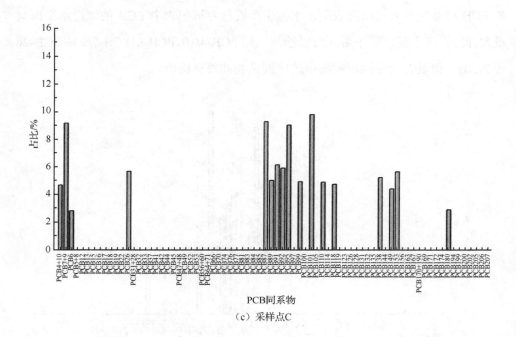

(c) 采样点C

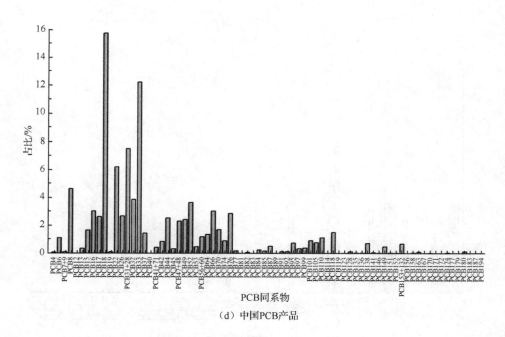

(d) 中国PCB产品

图 8-4 研究区域表层沉积物中 PCB 同系物的组成特征

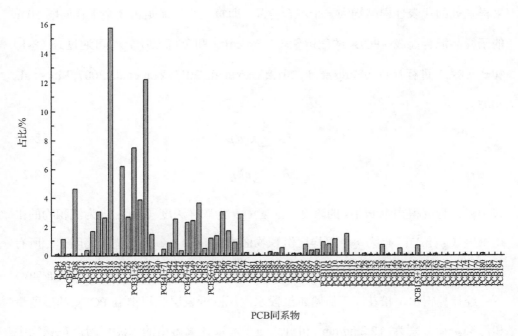

图 8-5　中国 PCB 产品中 PCB 同系物的组成特征

8.5　多氯联苯残留清单估算

在我们之前的研究中，分别使用 Ishikawa 等（2007）和 Liu 等（2013）建立的排放因子，估算了中国水泥工业 61 年间（1950 年至 2010 年）UP-PCBs 的排放量分别为 132.5 t（Cui et al., 2013）和 4.0 t（Cui et al., 2015）。然而，针对土壤和沉积物这类较为稳定的环境介质，残留清单估算方面的研究还需要进一步加强。通常来讲，对污染物残留清单的估算可在一定程度上反映出其污染水平和潜在风险。因此，估算水泥厂附近 6.75 km^2 范围内 PCBs 的残留量和负荷，可反映出沉积物中 PCBs 的赋存水平及其对水生动植物的潜在威胁。整个研究区域被划分为 3 个区间，每个区间沉积物样品中 PCBs 的浓度水平作为其周围环境的代表，因为各采样点处的代表性样品均为一个混合样品,即每一个样品是由 3 个采样间隔 50 m 的子样品混合而成。PCBs 的残留量（I, ng/cm^2）和负荷（B, kg）可通过式（8-1）和式（8-2）进行计算（Yang et al., 2012; Gao et al., 2011; Zou et al., 2007; Mai et al., 2005）：

$$I = \sum C_i d\rho \tag{8-1}$$

$$B = \sum kIA_i \tag{8-2}$$

式中，C_i 为沉积物中 PCBs 的浓度（ng/g）；d 为取样深度（cm）；ρ 为沉积物的平均密度（g/cm^3）；A_i 为每个采样区沉积物面积（km^2）；k 为单位转化因子。所有采样区间沉积物的取样深度（d）为 10 cm，沉积物的平均密度（ρ）为 1.1 g/cm^3。

经计算得出，松花江干流哈尔滨段水泥厂附近表层沉积物中 PCBs 的残留量和污染负荷分别为 17.2 ng/cm^2 和 1.2 kg。本章计算得出的水泥厂附近沉积物中 PCBs 残留量要小于长江口及其邻近的东海海域（51 ng/cm^2）（Yang et al., 2012）。水泥厂附近沉积物中 PCBs 残留清单的编制可能存在较大不确定性，例如，PCBs 浓度的空间变化、采样点的数量和沉积物范围等因素都会对残留清单产生影响。

8.6 本章小结

作者课题组在松花江哈尔滨段水泥厂附近的沉积物样品中共检测出 35 种 PCB 同系物，在邻近水泥厂的采样点 B 处所采集的沉积物样品较好地反映出了该区域 PCBs 的污染水平及其与水泥生产 UP-PCBs 排放的关系。研究区域内 PCBs 的污染水平、残留量和污染负荷均低于同类相关研究，表明其潜在生态风险也相对较低。对 PCB 同系物和同族体的研究结果表明，水泥生产过程的排放（即非故意产生排放）是区域内表层沉积物中 PCBs 的主要污染来源，水体悬浮颗粒物的迁移与沉积可能对下游水环境质量产生影响，特别是在丰水期（雨季）。本书以沉积物为研究介质对水泥生产过程 PCBs 的排放进行监测报道，可有助于工业污染排放控制，以及为改善沉积物环境质量和降低栖息地生物的暴露风险提供依据。

参 考 文 献

聂海峰, 赵传冬, 刘应汉, 等. 2012. 松花江流域河流沉积物中多氯联苯的分布、来源及风险评价[J]. 环境科学, 33(10): 3434-3442.

杨淑伟, 黄俊, 余刚. 2010. 中国主要排放源的非故意产生六氯苯和多氯联苯大气排放清单探讨[J]. 环境污染与防治, 32(7): 82-85, 91.

张志, 田崇国, 贾宏亮, 等. 2010. 中国多氯联苯(PCBs)网格化的使用清单研究[J]. 黑龙江大学自然科学学报, 27(1): 111-116.

ANDERSON P N, HITES R A. 1996. OH radical reactions: the major removal pathway for polychlorinated biphenyls from the atmosphere[J]. Environmental Science and Technology, 30(5): 1756-1763.

ANEZAKI K, KANNAN N, NAKANO T. 2015a. Polychlorinated biphenyl contamination of paints containing polycyclic- and Naphthol AS-typy pigments[J]. Environmental Science and Pollution Research, 22: 14478-14488.

ANEZAKI K, NAKANO T. 2014. Concentration levels and congener profiles of polychlorinated biphenyls, pentachlorobenzene, and hexachlorobenzene in commercial pigment[J]. Environmental Science and Pollution Research, 21(2): 998-1009.

ANEZAKI K, NAKANO T. 2015b. Unintentional PCB in chlorophenyl silanes as a source of contamination in environmental samples[J]. Journal of Hazardous Materials, 287: 111-117.

BA T, ZHENG M H, ZHANG B, et al. 2009a. Estimation and characterization of PCDD/Fs and dioxin like PCB emission from secondary copper and aluminum metallurgies in China[J]. Chemosphere, 75(9): 1173-1178.

BA T, ZHENG M H, ZHANG B, et al. 2009b. Estimation and characterization of PCDD/Fs and dioxin like PCB emission from secondary zinc and lead metallurgies in China[J]. Journal of Environmental Monitoring, 11(4): 867-872.

BREIVIK K, ARMITAGE J M, WANIA F, et al. 2014. Tracking the global generation and exports of e-waste. Do existing estimates add up[J]. Environmental Science and Technology, 48(15): 8735-8743.

BREIVIK K, GIOIA R, CHAKRABORTY P, et al. 2011. Are reductions in industrial organic contaminants emissions in rich countries achieved partly by export of toxic wastes[J]. Environmental Science and Technology, 45(21): 9154-9160.

BREIVIK K, SWEETMAN A, PACYNA J, et al. 2002. Towards a global historical emission inventory for selected PCB congeners-A mass balance approach: 2. Emissions[J]. Science of the Total Environment, 290(1-3): 199-224.

CUI S, FU Q, MA W L, et al. 2015. A preliminary compilation and evaluation of a comprehensive emission inventory for polychlorinated biphenyls in China[J]. Science of the Total Environment, 533: 247-255.

CUI S, QI H, LIU L Y, et al. 2013. Emission of unintentionally produced polychlorinated biphenyls (UP-PCBs) in China: has this become the major source of PCBs in Chinese air[J]. Atmospheric Environment, 67: 73-79.

DONG S J, WU J J, LIU G R, et al. 2011. Unintentionally produced dioxin-like polychlorinated biphenyls during cooking[J]. Food Control, 22(11): 1797-1802.

DUAN X Y, LI Y X, LI X G, et al. 2013. Distributions and sources of polychlorinated biphenyls in the coastal East China Sea sediments[J]. Science of the Total Environment, 463: 894-903.

GAO S T, HONG J W, YU Z Q, et al. 2011. Polybrominated diphenyl ethers in surface soils from e-waste recycling areas and industrial areas in South China: concentration levels, congener profile, and inventory[J]. Environmental Toxicology and Chemistry, 30(12): 2688-2696.

HE M C, SUN Y, LI X R, et al. 2006. Distribution patterns of nitrobenzenes and polychlorinated biphenyls in water, suspended particulate matter and sediment from mid- and down-stream of the Yellow River (China) [J]. Chemosphere, 65(3): 365-374.

HONG Y W, YU S, YU G B, et al. 2012. Impacts of urbanization on surface sediment quality: evidence from polycyclic aromatic hydrocarbons (PAHs) and polychlorinated biphenyls (PCBs) concentrations in the Grand Canal of China[J]. Environmental Science and Pollution Research, 19(5): 1352-1363.

HOWELL N L, SUAREZ M P, RIFAI H S. 2008. Concentrations of polychlorinated biphenyls (PCBs) in water, sediment, and aquatic biota in the Houston Ship Channel, Texas[J]. Chemosphere, 70(4): 593-606.

ISHIKAWA Y, NOMA Y, MORI Y, et al. 2007. Congeners profiles of PCB and a proposed new set of indicator congeners[J]. Chemosphere, 67(9): 1838-1851.

LI Y F, MACDONALD R W, JANTUNEN L M M, et al. 2002. The transport of β-hexachlorocyclohexane to the western Arctic Ocean: a contrast to α-HCH[J]. Science of the Total Environment, 291(1-3): 229-246.

LIU G R, ZHENG M H, CAI M W, et al. 2013. Atmospheric emission of polychlorinated biphenyls from multiple industrial thermal processes[J]. Chemosphere, 90(9): 2453-2460.

MAI B X, ZENG E Y, LUO X J, et al. 2005. Abundances, depositional fluxes, and homologue patterns of polychlorinated biphenyls in dated sediment cores from the Pearl River Delta, China[J]. Environmental Science and Technology, 39(1): 49-56.

ODABASI M, CETIN B, DEMIRCIOGLU E, et al. 2008. Air-water exchange of polychlorinated biphenyls (PCBs) and organochlorine pesticides (OCPs) at a coastal site in Izmir Bay, Turkey[J]. Marine Chemistry, 109(1-2): 115-129.

REN N Q, QUE M X, LI Y F, et al. 2007. Polychlorinated biphenyls in Chinese surface soils[J]. Environmental Science and Technology, 41(11): 3871-3876.

SCHUSTER J K, GIOIA R, SWEETMAN A J, et al. 2010. Temporal trends and controlling factors for polychlorinated biphenyls in the UK atmosphere (1991-2008)[J]. Environmental Science and Technology, 44(21): 8068-8074.

SPROVIERI M, FEO L F, MANTA D S, et al. 2007. Heavy metals, polycyclic aromatic hydrocarbons and polychlorinated biphenyls in surface sediments of the Naples harbor (southern Italy)[J]. Chemosphere, 67(5): 998-1009.

TAO Q H, TANG H X. 2004. The research progress on the quality assessment of the sediment contaminated by polychlorinated biphenyls[J]. Techniques and Equipment for Environmental Pollution Control, 5(1): 1-7.

TOTTEN L A, EISENREICH S J, BRUNCIAK P A. 2002. Evidence for destruction of PCBs by the OH radical in urban atmosphere[J]. Chmosphere, 47(7): 735-746.

UNEP. 2001. Regionally Based Assessment of Persistent Toxic Substances: Central and North East Asia Region[R]. Nairobi, Kenya, United Nations Environment Programme.

VANE C H, HARRISON I, KIM A W. 2007. Polycyclic aromatic hydrocarbons (PAHs) and polychlorinated biphenyls (PCBs) in sediments from the Mersey Estuary, U.K.[J]. Science of the Total Environment, 374(1): 112-126.

WANG H S, DU J, LEUNG H M, et al. 2011. Distribution and source apportionments of polychlorinated biphenyls(PCBs) in mariculture sediments from the Pearl River Delta, South China[J]. Marine Pollution Bulletin, 63(5-12): 516-522.

WANG X W, XI B D, HUO S L, et al. 2014. Polychlorinated biphenyls residues in surface sediments of the eutrophic Chaohu Lake (China): characteristics, risk, and correlation with trophic status[J]. Environmental Earth Sciences, 71(2): 849-861.

WANIA F, MACKAY D. 1996. Tracking the distribution of persistent organic pollutants: control strategies for these contaminants will require a better understanding of how they move around the globe[J]. Environmental Science and Technology, 30(9): 390-396.

XING Y, LU Y L, DAWSON R W, et al. 2005. A spatial temporal assessment of pollution from PCBs in China[J]. Chemosphere, 60(6): 731-739.

YANG H Y, XUE B, JIN L X, et al. 2011. Polychlorinated biphenyls in surface sediments of Yueqing Bay, Xiangshan Bay, and Sanmen Bay in East China Sea[J]. Chemosphere, 83(2): 137-143.

YANG H Y, ZHUO S S, XUE B, et al. 2012. Distribution, historical trends and inventories of polychlorinated biphenyls in sediments from Yangtze River Estuary and adjacent East China Sea[J]. Environmental Pollution, 169: 20-26.

YANG Z F, SHEN Z F, GAO F, et al. 2009a. Polychlorinated biphenyls in urban lake sediments from Wuhan, central China: occurrence, composition, and sedimentary record[J]. Journal of Environmental Quality, 38(4): 1441-1448.

YANG Z F, SHEN Z Y, GAO F, et al. 2009b. Occurrence and possible sources of polychlorinated biphenyls in surface sediments from the Wuhan reach of Yangtze River, China[J]. Chemosphere, 74(11): 1522-1530.

YOU H, DING J, ZHAO X S, et al. 2011. Spatial and seasonal variation of polychlorinated biphenyls in Songhua River, China[J]. Environmental Geochemistry and Health, 33(3): 291-299.

ZHANG J L, LI Y Y, WANG Y H, et al. 2014. Spatial distribution and ecological risk of polychlorinated biphenyls in sediments from Qinzhou Bay, Beibu Gulf of South China[J]. Marine Pollution Bulletin, 80(1-2): 338-343.

ZHAO L, HOU H, ZHOU Y Y, et al. 2010. Distribution and ecological risk of polychlorinated biphenyls and organochlorine pesticides in surficial sediments from Haihe River and Haihe Estuary Area, China[J]. Chemosphere, 78(10): 1285-1293.

ZOU M Y, RAN Y, GONG J, et al. 2007. Polybrominated diphenyl ethers in watershed soils of the Pearl River Delta, China: occurrence, inventory, and fate[J]. Environmental Science and Technology, 41(24): 8262-8267.

第 9 章 松花江沉积物中多氯联苯时空演变特征与生态风险评估

随着经济的快速增长、环境污染事件的频繁发生以及政府和公众对环保意识的日益增强，环境污染受到了越来越多的关注。自 1979 年以来，我国政府已经制定了一系列与多氯联苯（PCBs）控制和管理有关的政策法规，研究学者也相继提出了关于持久性有机污染物的环境管理框架与措施（Wei et al., 2007; Zhang et al., 2005; Wang et al., 2005）。但是，系统性地调查和评估政策效应对环境中 PCBs 消除影响的研究却不多见。基于此，本章通过监测松花江表层沉积物中 PCBs 赋存状态，调查松花江沉积物的历史污染水平，继而建立能够有效管理有机污染物和改善环境质量的理论框架。因此，本章是以西流松花江和松花江干流为研究基点，探寻沉积物中 PCBs 的时空分布、污染水平与生态风险，并通过变异系数和考虑 PCB 同族体之间的相互关系来识别其变异特征和可能来源，同时结合 PCBs 的历史演变趋势，评估相关政策的实施对环境中 PCBs 的削减效果，并构建基于有机污染物的逆向管理框架。

9.1 样品采集

作者课题组于 2014 年 7 月至 8 月共采集了 11 个松花江表层沉积物样品，采样点分布见图 9-1。采样点共分为两部分：①西流松花江，包括吉林市（S1~S4）和扶余市（S5）；②松花江干流，包括肇源县（S6）和哈尔滨市（S7~S11）。

其中，扶余市位于西流松花江下游，肇源县位于西流松花江、嫩江和松花江干流交汇处。

作者课题组使用间隔采样法对沉积物样品进行采集，即确定采样中心点后并以 50 m 的采样间隔向上游和下游延伸进行沉积物采集，并将三个样本充分混合均匀用以代表每个采样点的样本。采集后的样品均储存在预先清洗过的铝盒中，记录好相关采样点信息后，运回国际持久性有毒物质联合研究中心实验室，于-20°C 的冰箱中低温保存，并尽快提取。

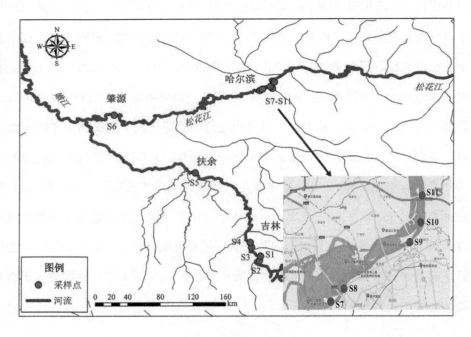

图 9-1 采样点示意图

9.2 多氯联苯的浓度水平与空间分布

沉积物中 51 种 PCBs（Σ_{51}PCBs）浓度范围为 0.59～12.38 ng/g（均以干重计），平均值为 3.82 ng/g。所有沉积物样品中均能够检测到 PCBs，表明松花江水环境普遍受到 PCBs 的污染，因此可通过对沉积物的监测来反映该研究区域受到 PCBs 的污染水平和生态风险。本节将松花江表层沉积物中 PCBs 的污染状况与国内外其他研究进行了比较，如河流、河口及海湾系统的相关报道（表 9-1），尽管不同研究中的采样时间、方法、检测到的 PCB 同系物数量和分析过程可能不同，但对比结果在一定程度上仍能够反映出目标研究区域沉积物中 PCBs 的污染特征。结果表明，松花江表层沉积物中 PCBs 的残留水平相对较低。沉积物中 PCBs 的污染特征是记录工业和经济发展进程、有机污染物管控水平以及人类活动迹象的较好证明，例如沉积物中 PCBs 的浓度往往与污染来源、人口密度和工业区的存在密切相关（Yang et al., 2012; Zhou et al., 2012; Zhao et al., 2010; Mai et al., 2005）。此外，部分自然条件，如河流流量、流速、总有机碳浓度和地形条件也会影响水体中污染物的吸附、分布、分配和迁移，也是导致沉积物中 PCBs 浓度存在差异的重要因素（Barhoumi et al., 2014; Yang et al., 2011, 2009）。

表 9-1 沉积物中 PCBs 浓度水平比较

研究区域	PCB 同系物数量	采样时间	沉积物/(ng/g)		参考文献
			浓度范围	平均浓度	
大运河（中国）	16	2008 年	0.5~93	—	Hong et al., 2012
黄河（中国）	—	2004 年	ND~5.98	3.10	He et al., 2006
巢湖（中国）	35	2010 年	1.62~62.63	9.87	Zhang et al., 2014a
钦州湾（中国）	28	2009 年	11.07~42.71	23.24	Wang et al., 2014
乐清湾（中国）	—	—	9.80~17.77	—	
象山湾（中国）	22	2006 年	9.51~12.91	—	Yang et al., 2011
三门湾（中国）	—	—	9.33~19.60	—	
长江（中国）	39	2005 年	1.2~45.1	9.2	Yang et al., 2009
珠江三角洲（中国）	37	—	5.10~11.0	7.96	Wang et al., 2011
海河及海河河口地区（中国）	32	2007 年	ND~253	66.8	Zhao et al., 2010

续表

研究区域	PCB 同系物数量	采样时间	沉积物/(ng/g) 浓度范围	平均浓度	参考文献
Naples harbor（意大利）	38	2004 年	1~899	—	Sprovieri et al., 2007
Bizerte lagoon（突尼斯）	10	2011 年	0.8~14.6	3.9	Barhoumi et al., 2014
Mersey River（英国）	—	2000~2002 年	36~1409	—	Vane et al., 2007
Houston Ship Channel（美国）	18	2002~2003 年	4.18~4601	168	Howell et al., 2008
松花江（中国）		1991 年	17~20	—	陈静生等, 1999
松花江（中国）	85	2006 年	0.40~16.70	—	范丽丽, 2007
松花江（中国）	57	2007~2008 年	0.26~9.7	1.9	You et al., 2011
松花江（中国）	27	2008 年	1.74~6.25	—	聂海峰等, 2012
西流松花江（中国）	—	1982~1984 年	0.12~1.04	—	李敏学等, 1989
西流松花江（中国）		1998 年	0.6~337	—	刘季昂等, 1998
西流松花江（中国）	85	2005 年	3.15~85.94	—	范丽丽, 2007
西流松花江（中国）	80	2008 年	12.44~125.53	—	聂海峰等, 2012
西流松花江（中国）	48	2014 年	0.59~12.38	5.41	本章
松花江（中国）	49	2014 年	1.12~3.70	2.50	本章

注：ND 表示未检出。

松花江表层沉积物中 $\Sigma_{51}PCBs$ 浓度的空间分布情况表明，不同采样点处其浓度差异较大。沉积物样品中位于吉林市下游（S3）和西流松花江下游（S5）两个采样点的 PCBs 浓度较高（图 9-2），分别为 7.67 ng/g 和 12.38 ng/g。总体来看，西流松花江（S1~S5）沉积物中 PCBs 的平均浓度高于松花江干流（S6~S11），这一结果与之前的研究一致（聂海峰等，2012；范丽丽，2007）。本章中 PCBs 平均浓度的空间分布存在明显差异，整体分布趋势为：扶余（S5, 12.38 ng/g）＞吉林（S1~S4, 3.67 ng/g）＞肇源（S6, 3.38 ng/g）＞哈尔滨（S7~S11, 2.32 ng/g）。点源排放的输入可能是影响采样点 S5 中 PCBs 高残留水平的主要原因。另外，由于采样点 S6 位于西流松花江、嫩江和松花江干流的交汇处,因此地形条件或地理位置可能是该处 PCBs 浓度高于哈尔滨段的主要原因。

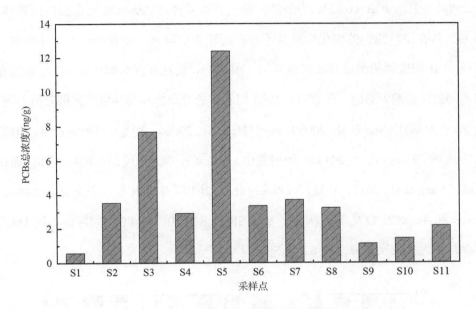

图 9-2 松花江沉积物中 PCBs 浓度

7 种指示性 PCBs(PCB-31/28、PCB-52、PCB-101、PCB-118、PCB-138、PCB-153 和 PCB-180)分别占西流松花江和松花江干流表层沉积物中 Σ_{51}PCBs 浓度的 17.41%和 21.68%。PCBs 在西流松花江沉积物中浓度范围为 0.21~1.98 ng/g,平均值为 0.94 ng/g;在松花江干流中浓度范围为 0.17~1.02 ng/g,平均值为 0.54 ng/g。此外,指示性 PCBs 浓度与 Σ_{51}PCBs 浓度存在显著相关性($R = 0.950, p = 0.000$),这表明指示性 PCBs 可用来反映研究区域 PCBs 的污染水平和变化趋势。

尽管目标研究区域沉积物中 PCBs 的污染相对较轻,但西流松花江和松花江干流从二氯联苯(DiCB)到七氯联苯(HeptaCB)的分布却有着明显差异(图 9-3)。总体而言,西流松花江表层沉积物样品中 PCB 同族体的平均浓度呈 PentaCB(51.96%)> TetraCB(17.75%)> TriCB(14.05%)> DiCB(12.60%)> HexaCB

（3.64%）的趋势；松花江干流沉积物中 PCB 同族体的平均浓度则呈以下趋势：PentaCB（34.30%）> TriCB（26.06%）> TetraCB（18.28%）> DiCB（15.67%）> HexaCB（5.28%）> HeptaCB（0.42%）。显然，在大多数采样点 PentaCB 是主要的同族体，因为其具有相对稳定的理化性质且不易在沉积物中降解、挥发和迁移。从所有采样点 PCB 同族体的组成特征可以看出（图 9-3），松花江沉积物中的 PCBs 可能存在不同的污染源。然而，在本章中 PCB 同族体的分布格局与其他研究则有所不同，例如，在对珠江（Mai et al., 2005）、黄河（He et al., 2006）、大运河（Hong et al., 2012）和钦州湾（Zhang et al., 2014a）的研究中，TetraCB 均为浓度最高的同族体；而在长江（Yang et al., 2012）和辽河（Zhang et al., 2010）中 TriCB 则最丰富。实际上，TriCB 和 TetraCB 也是采样点 S2、S7、S8 和 S10 的主要 PCB 同族体，而 DiCB 则存在于大多数采样点（除 S1 和 S9 外）。

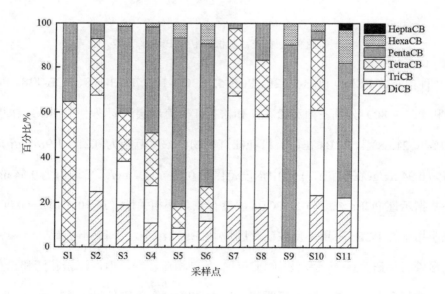

图 9-3　沉积物中 PCB 同族体的组成特征

9.3 多氯联苯的时间变化趋势

本书从已公开发表的文献中获取松花江干流及西流松花江沉积物中 PCBs 含量的时间演变趋势（图 9-4）。结果表明，从 20 世纪 80 年代至 2008 年，西流松花江 PCBs 的总浓度呈上升趋势，随后迅速下降，并且最高浓度和最低浓度都存在相同的变化趋势。然而，松花江干流在 20 世纪 80 年代有关 PCBs 的监测数据较少，与西流松花江相比，PCBs 浓度从 20 世纪 90 年代以来一直在下降，但自 2008 年以来则保持相对稳定。PCBs 在土壤、沉积物或大气等环境介质中的变化与国外有关的监测和清单研究结果相反，后者在 20 世纪 70 年代 PCBs 浓度达到峰值，此后则一直呈下降趋势（Desmet et al., 2012; Schuster et al., 2010; Breivik et al., 2002）。例如，英国土壤监测结果表明，直到 20 世纪 70 年代初 PCBs 的浓度都在增加，而随后则呈现大幅度下降的趋势（Lead et al., 1997）。关于波罗的海沉积物的研究结果表明，在 20 世纪的后 20 年中，PCBs 浓度一直在下降，直至达到一个大致稳定的状态（Sobek et al., 2015）。然而，在中国则相反，海州湾的一项研究结果表明，PCBs 的浓度在 20 世纪 50 年代中期开始上升，并在 2005 年达到最高（Zhang et al., 2014b），这种状况几乎与我们对西流松花江的研究结果一致。

在我们之前的研究中，系统全面地编制和评估了国家尺度包含故意生产使用 PCBs（IP-PCBs）、非故意产生 PCBs（UP-PCBs）和电子垃圾拆解产生的 PCBs（EW-PCBs）在内的 PCBs 综合性排放清单（Cui et al., 2015）。该清单合理恰当地阐释了 2004 年至 2008 年中国城市大气中 PCBs 浓度的增长情况。在这一时期，中国环境中 PCBs 的上升趋势与西流松花江沉积物中 PCBs 的时间变化趋势相似，但与松花江干流则不同。这可能受到包括初次排放源的存在、对 PCBs 不利影响的认识缺失，以及含有 PCBs 产品的处置方法不当或在其生命周期后未受控制的露天燃烧等众多因素的影响，从而导致向环境中排放的 PCBs 不断增加，特别是对西流松花江而言。相比之下，松花江干流中的 PCBs 自 20 世纪 90 年代以来一直在以相对稳定的速率下降，这种行为可能是 PCBs 的历史使用、UP-PCBs 的排放以及长距离大气传输的综合效应所致，PCBs 的输入和消散之间的相对稳定可能导致其缓慢下降。

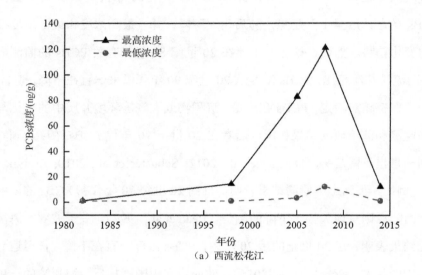

（a）西流松花江

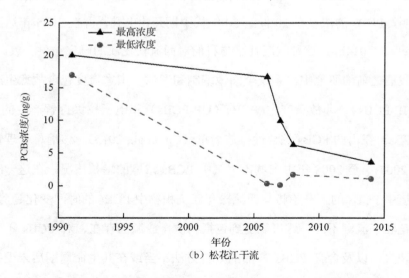

（b）松花江干流

图 9-4　松花江干流及西流松花江沉积物中 PCBs 含量的时间演变趋势

9.4 多氯联苯的来源

通常，有机碳会影响疏水性有机污染物在土壤和沉积物中的环境分布行为、大气中气态-颗粒态分配以及水中悬浮颗粒物的浓度。然而，松花江沉积物中 Σ_{51}PCBs 浓度与总有机碳（TOC）含量之间并没有明显的相关性，该结果与黄河沉积物中 PCBs 的研究结果相似（He et al., 2006）。为了研究 TOC 对 PCBs 空间分布和可能来源的影响，按 1% TOC 含量对松花江沉积物中的 PCBs 浓度进行标准化（图 9-5）。结果表明，TOC 能够影响沉积物中 PCBs 的残留水平，尤其在采样点 S4 和 S5 处。在以 1% TOC 标准化后，S4 和 S5 处 PCBs 浓度的上升可能是存在点源排放所致。

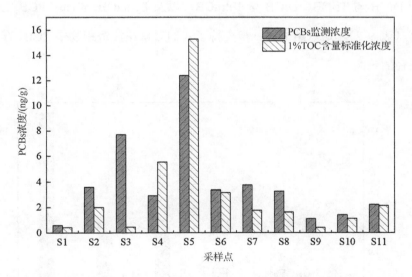

图 9-5 松花江沉积物中 PCBs 监测浓度和 1% TOC 含量标准化的 PCBs 浓度

通常，PCBs 的初次排放源包括含有 PCBs 产品的生产和使用、含有 PCBs 材料的使用，以及工业热处理过程 UP-PCBs 的排放。在我们之前的研究中发现，根据 PCBs 的生命周期，中国含有 PCBs 的变压器和电容器在 20 世纪 90 年代至 2010 年间进行了相关处置。因此，S4、S5 和整个西流松花江沉积物中的 PCBs 可能来源于其相关产品的排放或工业废水的溢出，因为化学工业是该地区经济发展的主要支柱产业。另外，在所有采样点中，松花江沉积物中 PCB 同族体的变异系数也可以在一定程度上反映其来源的复杂性特征。

变异系数（Cv）是用于比较一个数据序列与另一个数据序列变异程度的有效统计量，即便数据集相互之间存在很大差异。由图 9-6 可知，PentaCB 至 HeptaCB、DiCB 至 TetraCB 分别对应于强变异和中等变异。PentaCB 至 HeptaCB 的离散程度较大，这可能是点源排放所致。相反，DiCB 至 TetraCB 的离散程度较低，则表明 PCBs 的来源可能相似。为了进一步探寻 PCBs 的可能来源，本节应用 Pearson 相关分析对不同 PCB 同族体的浓度进行了研究，用以确定它们之间的相互关系，结果表明 DiCB 与 TriCB、DiCB 与 TetraCB，以及 PentaCB 与 HexaPCB 之间相关性显著（表 9-2）。这些结果进一步支持了我们对松花江沉积物中 PCBs 存在不同来源路径的论断。

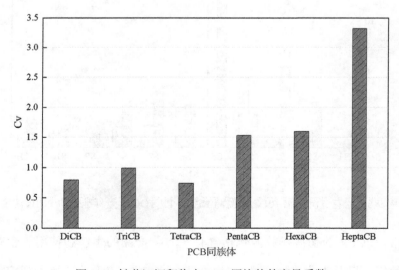

图 9-6　松花江沉积物中 PCB 同族体的变异系数

表 9-2 不同 PCB 同族体之间 Pearson 相关系数

	DiPCB	TriPCB	TetraPCB	PentaPCB	HexaPCB	HeptaPCB
DiPCB	1					
TriPCB	0.732*	1				
TetraPCB	0.883**	0.726*	1			
PentaPCB	0.324	−0.207	0.415	1		
HexaPCB	0.119	−0.405	0.112	0.923**	1	
HeptaPCB	−0.126	−0.276	−0.448	−0.055	0.228	1

注：*表示在 0.05 水平上显著相关（双侧）；**表示在 0.01 水平上显著相关（双侧）。

根据 PCB 同族体的组成特征（图 9-3），所有采样点中 PCBs 的来源可以分为三类。第一类是采样点 S1 和 S9，分别位于吉林市和哈尔滨市的市区段，这两个采样点仅有高氯代 PCB 同族体，因此它们可能来自含有 PCBs 产品历史使用的排放，同时因未检测到低氯代 PCB 同族体，因此排除了长距离大气传输的可能性。第二类由采样点 S3~S6 和 S11 组成，这五个采样点中的高氯代 PCBs 的百分比均高于中国 PCBs 产品，与 Aroclor 1254（图 9-7）相似，说明工业废水排放对水生环境具有显著影响（Duan et al., 2013；Hong et al., 2005）。同时，这种差异也可能归因于 PCBs 超凡的理化性质，低氯代 PCBs 因其拥有较高的蒸气压而很容易挥发，并且在大气长距离传输时会暴露于羟基自由基（·OH）而发生氧化降解（Anderson et al., 1996）。最后一类则类似于中国 PCBs 产品，包括采样点 S2、S7、S8 和 S10，但中国产品的组成特征与这四个沉积物样品之间又存在着矛盾，即 DiCB 至 TetraCB 所占比例很高，特别是对于 DiCB。Liu 等（2013）对中国以及 Ishikawa 等（2007）对日本 PCBs 大气排放的研究表明，DiCB 至 TetraCB 的占比较高很可能与工业热处理过程中所产生 PCBs 的排放有关。因此，在这四个沉积物中的 PCBs 可能是由中国产品和 UP-PCBs 的排放所造成的复合污染。

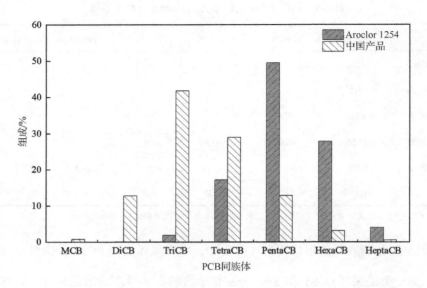

图 9-7 中国产品和 Aroclor 1254 中 PCB 同族体比较（张志等，2010）

9.5 潜在生态风险评估

根据潜在生态风险指数法，见式（2-6），各采样点的潜在生态风险指数见图 9-8。从计算结果来看，松花江沉积物中除 S5 为"中等风险"外，其余采样点均处于"低风险"等级。实际上，根据潜在生态风险指数，PCBs 的浓度是主要计算参数之一（Hakanson, 1980）。换言之，沉积物中 PCBs 的参考浓度值为 10 μg/kg，而采样点的 PCBs 浓度大多等于或大于此值，即存在"中等"潜在生态风险。从松花江沉积物中 PCBs 的历史变化趋势也可以看出（图 9-4），西流松花江自 2008 年以来以及松花江干流自 20 世纪 90 年代以来的潜在生态风险随时间的推移均呈现下降趋势。

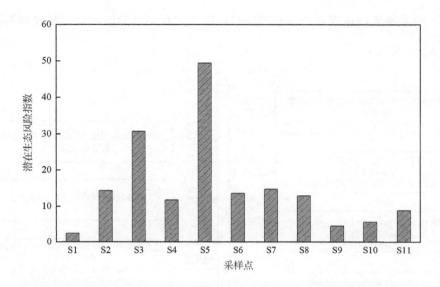

图 9-8 松花江沉积物中 PCBs 的潜在生态风险指数

9.6 多氯联苯消除的政策效应

PCBs 于 1881 年在德国合成，1929 年首次在美国被工业化使用（Wang et al., 2005）。我国于 1965 年至 1974 年进行了 PCBs 的生产和使用，随后被禁止生产，但含有 PCBs 的产品在其生命周期内仍被使用。为了保护环境和最大限度地减轻 PCBs 对人类健康的威胁，自 1979 年以来，我国已制定了一系列与 PCBs 控制和管理相关的政策法规。依据时间趋势，中华人民共和国生态环境部和国内外其他有关部门制定的与 PCBs 有关的主要政策法规如图 9-9 所示。由于 POPs 具有毒性、持久性、生物累积性和长距离大气传输的特性（www.pops.int），为应对 POPs 带来的全球挑战，以及保护人类健康和环境采取包括旨在减少和/或消除 POPs 排放和释放措施在内的国际行动——《关于持久性有机污染物的斯德哥尔摩公约》于 2001 年审议通过，并于 2004 年正式生效。《关于持久性有机污染物的斯德哥尔摩公约》要求签署国重视对 POPs 的控制，减少并最终消除向环境中释放该类物质（Liu et al., 2016）。

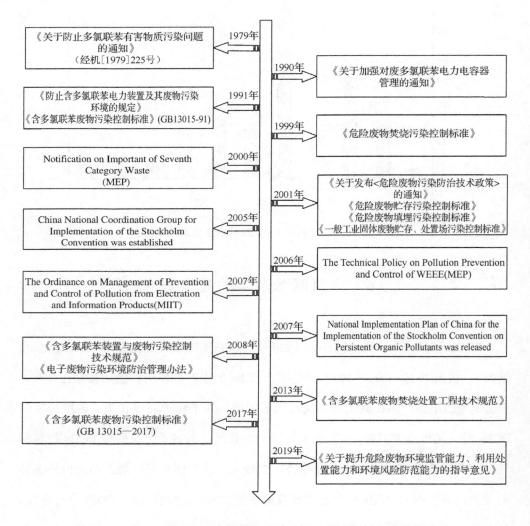

图 9-9　关于中国持久性有机污染物——PCBs 控制与管理的政策

2005 年 5 月，中国政府成立了《关于持久性有机污染物的斯德哥尔摩公约》的履约工作协调组。2007 年，国务院批准了《中国履行〈关于持久性有机污染物的斯德哥尔摩公约〉国家实施计划》。然而，作为世界上最大的发展中国家，中国经济发展、管理水平、教育背景和思想意识的差异化,均可能影响持久性有机污染物的控制和管理。例如,自 20 世纪 90 年代以来,松花江干流沉积物中的 PCBs 浓度呈持续下降的趋势,而西流松花江则自 2008 年才开始呈下降趋势(图 9-4)。

总体而言,本章中的环境监测数据可以反映出污染控制减排政策对削减 PCBs 的积极效应。然而,电子垃圾回收地、中国处理电子垃圾的主要港口以及来自工业热处理过程 UP-PCB 的排放均含有高浓度的 PCBs,这些都可能成为本地或区域尺度内 PCBs 的新来源。因此,它们不能被忽视,仍需要进一步加强管理。

9.7 持久性有机污染物的逆向管理框架

一般而言,逆向管理方法常用于物流管理和城市固体废物管理(Ferri et al., 2015; Fleischmann et al., 1997)。"逆向管理"指的是"自下而上"的管理,与"自上而下"的方法恰好相反。因有机污染物在全球范围内的广泛分布和普遍存在,本节以 PCBs 为例将该方法用于环境中 POPs 的研究和管理控制工作。换言之,POPs 的逆向管理框架可作为一种有效的管理方式,帮助政府和公众参与环境污染和管理控制有关的决策过程,并为国家政策和法规的制定提供科学依据及实施路径。

随着经济的快速发展和工业化、城市化进程的加快,环境污染问题日益引起人们的关注。因此,通过清单编制、环境监测、数值模拟和风险评估等研究方法和手段,获得有关环境污染的重要信息,并将其提供给政府和公众用以监督环境政策法规及污染控制的实施效果,因为他们是生态效益、社会效益和经济效益的主要参与者和追随者。同时,政府和公众分别扮演着环境质量改善的决策者和监督者的角色。图 9-10 为持久性有机污染物——PCBs 的逆向管理框架,该管理框架同样适用于 POPs 的削减、控制及环境行为管理。

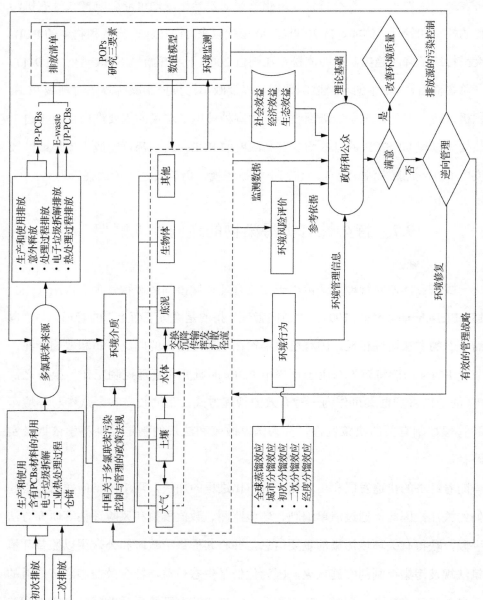

图 9-10 持久性有机污染物——PCBs 的逆向管理框架

POPs 逆向管理框架可分为两个阶段：第一阶段，收集数据（包括清单编制、环境监测、数值模拟和风险评估），然后提供给政府和公众；第二阶段，由政府和公众对环境污染状况和风险进行评估，确定环境污染状况，然后制定和实施相关法规和政策，完善和提高环境修复技术和标准、排放源污染控制和有效的管理战略。

总体而言，政府和公众可以被认为是逆向管理框架中环境污染物管理和控制的核心和领导者。清单编制、环境监测、数值模拟和风险评估通常被认为是识别环境污染问题的方法和途径，环境修复、污染源控制和有效管理战略被认为是改善环境质量的技术和工具。本节根据 PCBs 的环境监测，提出了污染物逆向管理框架的初步思路。因 IP-PCB 的生产在中国已经被禁止了几十年，该管理框架对 PCBs 的管理可能会存在一定的局限性。然而，这种管理模式可以应用于 UP-PCB 的污染控制和管理，因为它们的排放与经济发展所需的工业产品生产过程中的热处理密切相关，同时也可用于生命周期内含有 PCBs 产品的使用及电子垃圾拆解地的污染管控工作。此外，该管理模式也可为其他 POPs 类物质的管理控制工作提供参考依据。

9.8 本章小结

本章对松花江沉积物中 PCBs 的时空演变、可能来源和生态风险进行了系统研究。沉积物中 Σ_{51}PCBs 浓度在 0.59～12.38 ng/g，平均值为 3.82 ng/g。7 种指示性 PCB 分别占西流松花江和松花江干流表层沉积物浓度的 17.41%和 21.68%，且与 Σ_{51}PCBs 浓度具有显著相关性（$R = 0.950, p = 0.000$）。沉积物中 PCBs 的时间变化趋势表明，自 20 世纪 80 年代至 2008 年西流松花江中 PCBs 浓度呈现先上升后快速下降的趋势并且其最大浓度和最小浓度具有相同的变化趋势，松花江干流

PCBs 浓度则自 1990 年开始持续下降。点源排放、PCBs 历史应用和工业废水的排放，以及 UP-PCBs 的排放是沉积物中 PCBs 的主要来源。风险评估表明，沉积物中大部分采样点的潜在生态风险较低。沉积物中 PCBs 浓度的明显减少是在国家履行《关于持久性有机污染物的斯德哥尔摩公约》工作协调组成立后出现的，污染控制及减排政策的制定，有效促进了松花江沉积物中 PCBs 的消减。本章提出的 POPs 逆向管理框架可为环境污染物的控制与修复治理提供可借鉴的思路与科学依据。

参 考 文 献

陈静生, 高学民, Qi M, 等. 1999. 我国东部河流沉积物中的多氯联苯[J]. 环境科学学报, 19(6): 614-618.

范丽丽. 2007. 松花江流域底泥沉积物中多氯联苯和多环芳烃的研究[D]. 哈尔滨:哈尔滨工业大学.

李敏学, 岳贵春, 高福民, 等. 1989. 第二松花江中 PCBs 与有机氯农药的迁移和分布[J]. 环境化学, 8(2): 49-54.

刘季昂, 王文华, 王子健. 1998. 第二松花江水体沉积物中难降解污染物的种类和含量[J]. 中国环境科学, 18(6): 518-520.

聂海峰, 赵传冬, 刘应汉, 等. 2012. 松花江流域河流沉积物中多氯联苯的分布、来源及风险评价[J]. 环境科学, 33(10): 3434-3442.

张志, 田崇国, 贾宏亮, 等. 2010. 中国多氯联苯(PCBs)网格化的使用清单研究[J]. 黑龙江大学自然科学学报, 27(1): 111-116.

ANDERSON P N, HITES R A. 1996. OH radical reactions: the major removal pathway for polychlorinated biphenyls from the atmosphere[J]. Environmental Science and Technology, 30(5): 1756-1763.

BARHOUMI B, LEMENACH K, DÉVIER M H, et al. 2014. Distribution and ecological risk of polychlorinated biphenyls (PCBs) and organochlorine pesticides (OCPs) in surface sediments from the Bizerte lagoon, Tunisia[J]. Environmental Science and Pollution Research, 21(10): 6290-6302.

BREIVIK K, SWEETMAN A, PACYNA J M, et al. 2002. Towards a global historical emission inventory for selected PCB congeners—a mass balance approach: 2. Emissions[J]. Science of the Total Environment, 290(1-3): 199-224.

CUI S, FU Q, MA W L, et al. 2015. A preliminary compilation and evaluation of a comprehensive emission inventory for polychlorinated biphenyls in China[J]. Science of the Total Environment, 533: 247-255.

DESMET M, MOURIER B, MAHLER B J, et al. 2012. Spatial and temporal trends in PCBs in sediment along the lower Rhône River, France[J]. Science of the Total Environment, 433: 189-197.

DUAN X Y, LI Y X, LI X G, et al. 2013. Distributions and sources of polychlorinated biphenyls in the coastal East China Sea sediments[J]. Science of the Total Environment, 463-464: 894-903.

FERRI G L, CHAVES G D D, RIBEIRO G M. 2015. Reverse logistics network for municipal solid waste management: the inclusion of waste pickers as a Brazilian legal requirement[J]. Waste Management, 40: 173-191.

FLEISCHMANN M, BLOEMHOF-RUWAARD J M, DEKKER R, et al. 1997. Quantitative models for reverse logistics: a review[J]. European Journal of Operational Research, 103(1): 1-17.

HAKANSON L. 1980. An ecological risk index for aquatic pollution control: a sedimentological approach[J]. Water Research, 14(8): 975-1001.

HE M C, SUN Y, LI X R, et al. 2006. Distribution patterns of nitrobenzenes and polychlorinated biphenyls in water, suspended particulate matter and sediment from mid- and down-stream of the Yellow River (China) [J]. Chemosphere, 65(3): 365-374.

HONG S H, YIM U H, SHIM W J, et al. 2005. Congener-specific survey for polychlorinated biphenlys in sediments of industrialized bays in Korea: regional characteristics and pollution sources[J]. Environmental Science and Technology, 39(19): 7380-7388.

HONG Y W, YU S, YU G B, et al. 2012. Impacts of urbanization on surface sediment quality: evidence from polycyclic aromatic hydrocarbons (PAHs) and polychlorinated biphenyls (PCBs) contaminations in the Grand Canal of China[J]. Environmental Science and Pollution Research, 19: 1352-1363.

HOWELL N L, SUAREZ M P, RIFAI H S, et al. 2008. Concentrations of polychlorinated biphenyls (PCBs) in water, sediment, and aquatic biota in the Houston Ship Channel, Texas[J]. Chemosphere, 70(4): 593-606.

ISHIKAWA Y, NOMA Y, MORI Y, et al. 2007. Congener profiles of PCB and a proposed new set of indicator congeners[J]. Chemosphere, 67(9): 1838-1851.

LEAD W A, STEINNES E, BACON J R, et al. 1997. Polychlorinated biphenyls in UK and Norwegian soils: spatial and temporal trends[J]. Science of the Total Environment, 193(3): 229-236.

LIU G R, ZHENG M H, CAI M W, et al. 2013. Atmospheric emission of polychlorinated biphenyls from multiple industrial thermal processes[J]. Chemosphere, 90(9): 2453-2460.

LIU L Y, MA W L, JIA H L, et al. 2016. Research on persistent organic pollutants in China on a national scale: 10 years after the enforcement of the Stockholm Convention[J]. Environmental Pollution, 217: 70-81.

MAI B X, ZENG E Y, LUO X J, et al. 2005. Abundances, depositional fluxes, and homologue patterns of polychlorinated biphenyls in dated sediment cores from the Pearl River Delta, China[J]. Environmental Science and Technology, 39(1): 49-56.

SCHUSTER J K, GIOIA R, SWEETMAN A J, et al. 2010. Temporal trends and controlling factors for polychlorinated biphenyls in the UK atmosphere (1991–2008)[J]. Environmental Science and Technology, 44(21): 8068-8074.

SOBEK A, SUNDQVIST K L, ASSEFA A T, et al. 2015. Baltic Sea sediment records: unlikely near-future declines in PCBs and HCB[J]. Science of the Total Environment, 518-519: 8-15.

SPROVIERI M, FEO M L, PREVEDELLO L, et al. 2007. Heavy metals, polycyclic aromatic hydrocarbons and polychlorinated biphenyls in surface sediments of the Naples harbour (southern Italy)[J]. Chemosphere, 67(5): 998-1009.

VANE C H, HARRISON I, KIM A W. 2007. Polycyclic aromatic hydrocarbons (PAHs) and polychlorinated biphenyls (PCBs) in sediments from the Mersey Estuary, U.K.[J]. Science of the Total Environment, 374(1): 112-126.

WANG H S, DU J, LEUNG H M, et al. 2011. Distribution and source apportionments of polychlorinated biphenyls (PCBs) in mariculture sediments from the Pearl River Delta, South China[J]. Marine Pollution Bulletin, 63(5-12): 516-522.

WANG T Y, LU Y L, ZHANG H, et al. 2005. Contamination of persistent organic pollutants (POPs) and relevant management in China[J]. Environment International, 31(6): 813-821.

WANG X W, XI B D, HUO S L, et al. 2014. Polychlorinated biphenyls residues in surface sediments of the eutrophic Chaohu Lake (China): characteristics, risk, and correlation with trophic status[J]. Environmental Earth Sciences, 71(2): 849-861.

WEI D B, KAMEYA T, URANO K. 2007. Environmental management of pesticidal POPs in China: past, present and future[J]. Environment International, 33(7): 894-902.

YANG H Y, XUE B, JIN L X, et al. 2011. Polychlorinated biphenyls in surface sediments of Yueqing Bay, Xiangshan Bay, and Sanmen Bay in East China Sea[J]. Chemosphere, 83(2): 137-143.

YANG H Y, ZHUO S S, XUE B, et al. 2012. Distribution, historical trends and inventories of polychlorinated biphenyls in sediments from Yangtze River Estuary and adjacent East China Sea[J]. Environmental Pollution, 169: 20-26.

YANG Z F, SHEN Z Y, GAO F, et al. 2009. Occurrence and possible sources of polychlorinated biphenyls in surface sediments from the Wuhan reach of the Yangtze River, China[J]. Chemosphere, 74(11): 1522-1530.

YOU H, DING J, ZHAO X S, et al. 2011. Spatial and seasonal variation of polychlorinated biphenyls in Songhua River, China[J]. Environmental Geochemistry and Health, 33(3): 291-299.

ZHANG H, LU Y L, SHI Y J, et al. 2005. Legal framework related to persistent organic pollutants (POPs) management in China[J]. Environmental Science and Policy, 8(2): 153-160.

ZHANG H J, ZHAO X F, NI Y W, et al. 2010. PCDD/Fs and PCBs in sediments of the Liaohe River, China: levels, distribution, and possible sources[J]. Chemosphere, 79(7): 754-762.

ZHANG J L, LI Y Y, WANG Y H, et al. 2014a. Spatial distribution and ecological risk of polychlorinated biphenyls in sediments from Qinzhou Bay, Beibu Gulf of South China[J]. Marine Pollution Bulletin, 80(1-2): 338-343.

ZHANG R, ZHANG F, ZHANG T C, et al. 2014b. Historical sediment record and distribution of polychlorinated biphenyls (PCBs) in sediments from tidal flats of Haizhou Bay, China[J]. Marine Pollution Bulletin, 89(1-2): 487-493.

ZHAO L, HOU H, ZHOU Y Y, et al. 2010. Distribution and ecological risk of polychlorinated biphenyls and organochlorine pesticides in surficial sediments from Haihe River and Haihe Estuary Area, China[J]. Chemosphere, 78(10): 1285-1293.

ZHOU S S, SHAO L Y, YANG H Y, et al. 2012. Residues and sources recognition of polychlorinated biphenyls in surface sediments of Jiaojiang Estuary, East China Sea[J]. Marine Pollution Bulletin, 64(3): 539-545.

第 10 章　松花江哈尔滨段新烟碱类杀虫剂污染特征与风险评估

新烟碱类杀虫剂（NNIs）被广泛用于作物害虫防治，并已成为世界上较常见的杀虫剂种类之一（Mahai et al., 2019; Goulson, 2013）。然而，NNIs 应用后，其母体药物和代谢物会对非靶标物种产生损害（Mahai et al., 2021; Lu et al., 2020; Whitehorn et al., 2012），并严重威胁生态平衡和人体健康。越来越多的研究证实，NNIs 对蜜蜂（Crall et al., 2018; Whitehorn et al., 2012; Cox-Foster et al., 2007）、食虫鸟类（Lopez-Antia et al., 2015; Mason et al., 2013）、水生生物（Yan et al., 2016; Morrissey et al., 2015）、蚯蚓（Li et al., 2018）和人体（Han et al., 2018; Marfo et al., 2015）等均具有不利影响。因此，基于大量使用 NNIs 带来的危害，欧盟委员会（European Union, 2018a, 2018b, 2018c）、法国和加拿大（Health Canada's Pest Management Regulatory Agency, 2019a, 2019b, 2019c）已经限制使用吡虫啉（IMI）、噻虫嗪（THM）和噻虫胺（CLO）；此外，法国还限制了啶虫脒（ACE）和噻虫啉（THA）的应用（Bottollier-Depois, 2018）；美国为了保护传粉者则限制了部分 NNIs 产品的注册（US EPA, 2020a, 2020b, 2020c）。NNIs 污染俨然已发展成为全球范围内的重大环境问题。然而，近期关于 NNIs 污染的报道多来自发达国家（Mahai et al., 2019），而中国作为农业大国，NNIs 的产量和消费量较大，但关于 NNIs 在地表水和沉积物中的污染报道却十分有限。

松花江是中国七大水系之一，流域内人口密集，种植业和养殖业发达，同时也是哈尔滨市重要的饮用水水源之一（Li et al., 2020; Sun et al., 2019）。然而，随着农业的快速发展和城市化进程的加快，大量的农田退水和生活污水排入松花江，导致松花江水污染问题不断加剧，对两岸人民的健康造成了较大威胁。目前，对松花江污染的研究多集中于重金属（Li et al., 2020; Cui et al., 2019; Sun et al., 2019）、多环芳烃（Yu et al., 2021; Cui et al., 2018, 2016a）、多氯联苯（Cui et al., 2016b, 2016c; You et al., 2011）、抗生素（He et al., 2018; Wang et al., 2017）等，尚未见到关于 NNIs 污染特征与生态风险方面的系统报道。因此，本章主要通过调查松花江哈尔滨段水体和沉积物中 NNIs 的污染状况，分析其空间分布特征，并利用逸度分数研究 NNIs 在沉积物-水之间的交换行为，同时评估 NNIs 对人体和水生生物的潜在暴露风险。

10.1 样品采集

2019 年 9 月至 11 月，作者课题组于松花江哈尔滨段共采集了 13 个表层水样品及 11 个沉积物样品。在每个采样点使用便携式采水器采集至少 1 L 的表层水（0.5 m 深），样品装于事先经甲醇和超纯水清洗的棕色玻璃瓶中，样品采集后立即送往国际持久性有毒物质联合研究中心实验室，并置于 4℃ 冰箱中保存。沉积物样品则采用不锈钢采样铲，采样深度为 0~10 cm，每个样品采集的总重量不少于 500 g，随后将样品迅速保存在聚乙烯袋中，置于-20℃ 的冰箱中保存。由于采样点 M4 和 M6 受周围护堤的影响，因此未能采集到相应的沉积物样品。采样点分布及基本信息见图 10-1 和表 10-1。

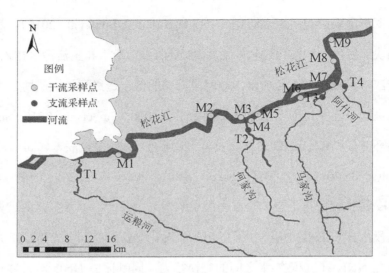

图 10-1 松花江哈尔滨段采样点示意图

表 10-1 松花江哈尔滨段采样点基本信息

样品	采样时间	采样点	东经	北纬
T1	2019年9月	运粮河	126°17′39″	45°40′26″
T2	2019年11月	何家沟	126°34′06″	45°44′53″
T3	2019年11月	马家沟	126°40′14″	45°47′50″
T4	2019年11月	阿什河	126°43′21″	45°49′11″
M1	2019年9月	苏家屯	126°21′28″	45°41′02″
M2	2019年11月	群力外滩生态湿地上游	126°30′35″	45°46′01″
M3	2019年9月	松北大桥	126°32′55″	45°47′28″
M4	2019年11月	防汛路	126°35′11″	45°45′40″
M5	2019年11月	太阳岛	126°35′05″	45°47′02″
M6	2019年11月	松浦大桥	126°39′20″	45°47′48″
M7	2019年11月	红光村	126°42′03″	45°50′47″
M8	2019年11月	松花江大桥	126°42′35″	45°51′31″
M9	2019年11月	金沙滩	126°42′22″	45°53′41″

10.2 水体中新烟碱类杀虫剂浓度特征

松花江哈尔滨段表层水样品中共检测到 7 种目标化合物，即 IMI、THM、CLO、ACE、THA、呋虫胺（DIN）和氯噻啉（IMIT），而烯啶虫胺（NTP）在所有水样中均未被检测到（图 10-2）。从表 10-2 中可以看出，IMI、THM、CLO 和 ACE 在水体中的检出率均为 100%，水体中 7 种 NNIs 的总浓度（Σ_7NNIs）为 30.83～134.70 ng/L，中位数为 41.39 ng/L，平均值为 62.25 ng/L。其中，THM 和 IMI 为主要的 NNIs，浓度范围分别为 10.86～83.53 ng/L 和 16.34～83.48 ng/L，其在不同采样点中均占总浓度的 80%以上（图 10-3）。在所有已检出 NNIs 中，THM 的平均浓度最高（30.73 ng/L），其次是 IMI（22.43 ng/L），而 IMIT（0.03 ng/L）平均浓度最低。值得注意的是，在所有水体样品中检测到的 IMI 浓度均高于 US EPA 设定的 10 ng/L 慢性阈值。

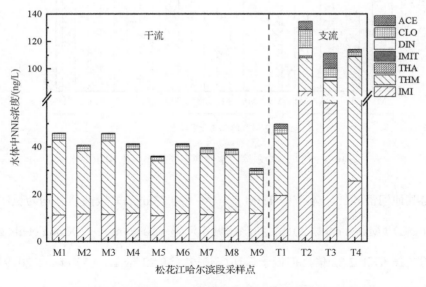

图 10-2　松花江哈尔滨段水体中不同采样点 NNIs 浓度

表 10-2 松花江哈尔滨段水体中 NNIs 浓度及检出率

	IMI	THM	THA	IMIT	DIN	CLO	ACE	Σ_7NNIs
检出率/%	100	100	15.38	15.38	23.08	100	100	100
中位值/(ng/L)	11.87	26.72	<LOD	<LOD	<LOD	2.11	0.51	41.39
均值/(ng/L)	22.43	30.73	0.80	0.03	2.89	3.42	1.94	62.25
范围/(ng/L)	10.86~83.53	16.34~83.48	<LOD~1.21	<LOD~0.04	<LOD~5.91	1.66~13.12	0.20~10.84	30.83~134.70

注：<LOD 表示低于检测限。

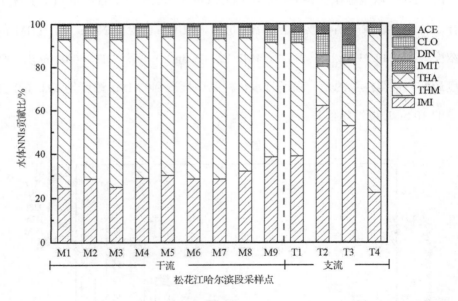

图 10-3 松花江哈尔滨段水体中不同采样点各 NNI 占比

与其他河流相比，本节中 THM 的浓度（30.73 ng/L）较高，分别为长江中段（4.29 ng/L）（Mahai et al., 2019）和广州城市河道（10.90 ng/L）（Xiong et al., 2019）浓度的 7.16 倍和 2.82 倍，但低于珠江广州段（50.22 ng/L）（Yi et al., 2019）。而 IMI 的浓度（22.43 ng/L）为长江中段浓度（6.11 ng/L）的 3.67 倍，明显低于

广州城市河道（81.10 ng/L）和珠江广州段（78.26 ng/L）。ACE 浓度（1.94 ng/L）与长江中段（2.70 ng/L）相近，但低于珠江广州段（35.99 ng/L）和广州城市河道（51.20 ng/L）。与其他 NNIs 相比，我国已经注册了更多包含 IMI、THM 和 ACE 等活性成分的制剂（Mahai et al., 2019）。因此，种植者或农户会更多地使用包括上述 NNIs 在内的商品，从而导致这三种农药较其他 NNIs 的检出率和残留水平更高。本节在松花江哈尔滨段水体中检测到较高浓度的 NNIs，可能与其被大量使用以及河流两岸污水处理厂的废污水排放有关。黑龙江省是我国重要的商品粮生产基地，哈尔滨市耕地面积约占黑龙江省的 12.7%（HBS, 2020），同时其 NNIs 使用量约占黑龙江省使用总量的 25%。然而在农业应用中，农作物只能吸收 1.6%~28%的 NNIs 成分，而其余部分则会进入土壤和水体等环境介质中（Anderson et al., 2015）。与此同时，NNIs 高水溶性和低挥发性的理化性质，致使其很容易随径流发生迁移。此外，污水处理厂废污水中的 NNIs 也是水环境中不容忽略的污染来源之一（Yi et al., 2019; Sadaria et al., 2016），例如 Sadaria 等（2016）对美国 13 个污水处理厂的研究发现，经过处理后的废污水中 IMI 的年排放量为 1000~3400 kg。另外，NNIs 被广泛用于非农业生产，例如宠物跳蚤治疗、景观美化、草坪绿化管理和家庭害虫防治等领域（Sadaria et al., 2016; Goulson, 2013），这也会增加环境中 NNIs 的负荷。

10.3 沉积物中新烟碱类杀虫剂浓度特征

松花江哈尔滨段沉积物中共检测到 4 种 NNIs（IMI、THM、CLO 和 ACE）（图 10-4），其浓度范围为 0.61~14.68 ng/g（以干重计，下同），平均值为 3.63 ng/g（表 10-3）。从贡献率来看，IMI 和 THM 与水体一样也是沉积物中的主要贡献污染物(图 10-5),其平均浓度分别为 2.25 ng/g(范围为 0.34~12.56 ng/g)和 0.51 ng/g(范围为 0.12~1.58 ng/g)。在沉积物已检测到的 NNIs 中,IMI、THM 和 CLO 的检出率均为 100%,而 ACE 的检出率为 9.09%。值得注意的是,CLO 除了本身应用的贡献外,环境中 THM 的存在也可在一定条件下转化为 CLO(Wu et al., 2020; Morrissey et al., 2015)。

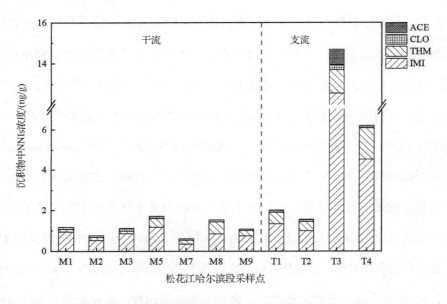

图 10-4 松花江哈尔滨段沉积物中不同采样点 NNIs 浓度

表 10-3 松花江哈尔滨段沉积物中 NNIs 浓度及检出率

	IMI	THM	CLO	ACE	Σ_4NNIs
检出率/%	100	100	100	9.09	100
中位值/(ng/g)	0.94	0.42	0.11	<LOD	1.52
均值/(ng/g)	2.25	0.51	0.12	0.75	3.63
范围/(ng/g)	0.34~12.56	0.12~1.58	0.07~0.22	<LOD~0.75	0.61~14.68

与其他研究相比,松花江哈尔滨段沉积物中目标研究物 NNIs 的总浓度(3.63 ng/g)分别约为珠江广州段(1.38 ng/g)(Yi et al., 2019)和伯利兹市科罗萨

尔地区（0.036 ng/g）（Bonmatin et al., 2019）的 2.63 倍和 100 倍，与我国华南地区不同功能区（城市区、蔬菜种植区、水稻种植区）河流沉积物样品的平均浓度（4.21 ng/g）较为相近（Huang et al., 2020），但比加拿大萨斯喀彻温省中东部地区湿地的浓度（40.8 ng/g）低一个数量级（Main et al., 2014）。沉积物中残留浓度和检出率较高则主要与本地长期密集使用 NNIs 有关。此外，本书中 NNIs 的组成与加拿大萨斯喀彻温省中东部农田周边湿地较为相似，IMI、THM 和 CLO 为主要组分，但与珠江广州段存在一定差异，其中珠江以 ACE 为主，而 IMI 并未检出。不同研究区域沉积物中 NNIs 的组成存在差异，可能与研究区域 NNIs 的具体使用模式以及沉积物的组成有关。

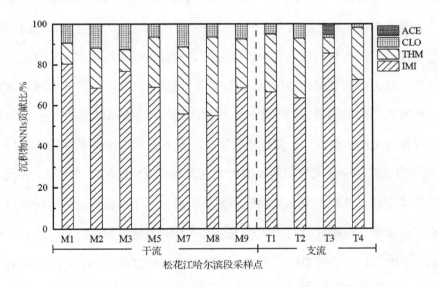

图 10-5　松花江哈尔滨段沉积物样品中不同采样点各 NNI 占比

10.4　新烟碱类杀虫剂分布特征

松花江干流和支流中检测到不同浓度水平的 NNIs，其中支流中 NNIs 的浓度显著高于松花江干流（$p < 0.05$），表明松花江高污染支流的汇入可能是干流中

NNIs 的重要来源。在干流水体中，NNIs 残留水平的范围变化不大（30.83～45.95 ng/L）。相比之下，采样点 M1（45.95 ng/L）和 M3（45.82 ng/L）的浓度均高于松花江干流中其他采样点，这两个采样点浓度较高可能归因于样品采集于降水后，因地表径流增加及水动力条件发生变化，从而 NNIs 从土壤或沉积物中进入水体。

支流采样点 T2、T4 和 T3 水体中的 NNIs 浓度较高，分别为 134.70 ng/L、114.28 ng/L 和 111.41 ng/L。其中，采样点 T2 位于何家沟，该支流流经工厂、企业和居民区，常年向河中排放大量工业废水和生活污水。同时，采样点 T2 位于日处理废污水能力达到 25 万 t 的污水处理厂排污口下游，由于污水处理厂进水的多源化以及对 NNIs 的去除能力有限，在该采样点检测到 7 种 NNIs。采样点 T4 的高污染浓度可能与集约化农业种植引起的农业径流以及废污水排放有关。该采样点位于流经大面积农田覆盖的阿什河，其河道漫长且支流众多，流域内耕地面积广，导致农药的使用量较大。此外，阿什河流经哈尔滨市众多乡镇并且沿河两岸同样存在大型污水处理厂。采样点 T3 位于松花江南岸支流马家沟入江口上游 1 km 处，该支流是一条天然集雨而成的市区河道，流经哈尔滨市平房、香坊、南岗和道外 4 个区，流经区域内人类活动密集，沿河两岸存在多处污水排放口。污水处理厂出水中目标研究物的浓度可能会受 NNIs 自身理化性质和污水处理厂工艺效能的影响。已有研究表明，传统污水处理工艺对进水中 NNIs 的去除效率较低（Sadaria et al., 2016），因此，污水处理厂出水是 NNIs 进入水环境中的重要点源污染。与其他支流相比，运粮河（采样点 T1）流经的区域主要以农业生产为主。然而，采样点 T1 的平均浓度水平（49.82 ng/L）和干流的平均浓度水平（40.10 ng/L）相当，因此与其他支流相比，该支流的汇入对松花江干流中 NNIs 的污染程度影响较小。上述结果表明，与农业生产相比，密集的人类活动和废污水的排放可能增加了松花江水体中 NNIs 的残留量。

在沉积物中，支流和干流之间的 NNIs 浓度并无显著差异（$p > 0.05$）。受 NNIs 高水溶性和低 K_{ow} 值的影响，它们更倾向于溶解在水体中而难于富集在沉积物中。相比之下，在 T3 采样点检出 4 种 NNIs，而在其他沉积物样品中均检出 3 种，这可能归因于 T3 处沉积物具有更高的 TOC 浓度（26.7 g/kg）。应用 Spearman 相关性分析了沉积物中 NNIs 浓度与 TOC 浓度之间的关系（图 10-6），由于 ACE 仅存在于 T3 采样点，因此未对其进行相关性研究。在沉积物中，IMI（$R = 0.82, p < 0.05$）和 CLO（$R = 0.62, p < 0.05$）以及 NNIs 总浓度（$R = 0.82, p<0.05$）与 TOC 呈显著正相关，而 THM 与 TOC 之间无相关性。有研究表明，NNIs 的吸附能力与土壤/沉积物中的有机质浓度呈正相关（Wu et al., 2020），即土壤/沉积物中高有机质浓度会增加 NNIs 的吸附量。

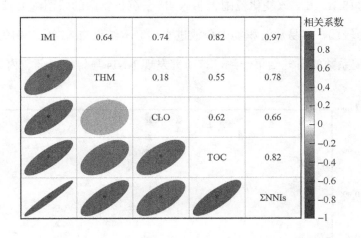

图 10-6　沉积物中新烟碱类杀虫剂浓度与 TOC 相关性分析

10.5　沉积物-水交换

沉积物-水交换行为在探寻有机污染物的二次排放中起着至关重要的作用，特别是对水环境质量而言。由于 IMI、THM 和 CLO 在水体和沉积物中同时存在，因此我们主要研究了这3种NNIs的沉积物-水交换行为（图10-7）。从结果来看，IMI、THM和CLO的ff值均大于0.9，由于NNIs的高溶解性和低K_{ow}值，沉积物阻止其再释放的能力较弱，因此沉积物可作为这3种NNIs的二次排放源而使其重新释放至水体中，即它们更倾向溶解于水体中。此外，这3种NNIs的ff值波动范围较小，表明这些污染物的沉积物-水交换过程在松花江哈尔滨段基本相似，没有明显的空间变异性，主要表现为从沉积物向水体中的再释放。简言之，各种污染源中的IMI、THM和CLO进入松花江后，通过沉降等过程使其在沉积物中累积，并通过扩散行为不断重新进入水体，从而造成松花江水体的二次污染。浓度比可以作为物质在两相间分配平衡的初步判断，本章中IMI、THM和CLO在水体和沉积物中浓度比（C_w/C_s）范围分别为4.68~84.07 g/L、28.33~254.41 g/L和19.22~118.18 g/L，该变化范围表明NNIs在沉积物中的残留浓度较小，与沉积物的作用力较弱，容易从沉积物中释放进水体。本结果与Yi等（2019）对珠江沉积物-水分配系数的研究结果一致，该研究发现NNIs与传统农药、内分泌干扰物

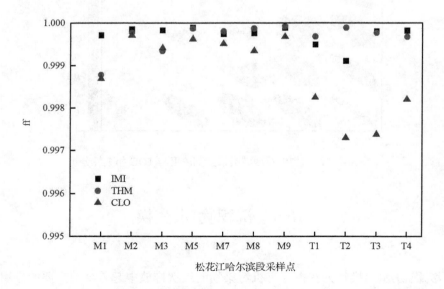

图10-7 松花江哈尔滨段NNIs逸度分数（ff）

或抗生素不同，主要倾向于分布在水体中，并易随径流或河水流动发生长距离迁移。因此，当环境条件发生变化时，吸附在沉积物中的 NNIs 可作为二次排放源极易释放到水体中，并对水质和水生环境造成二次污染和潜在危害。

10.6 人体健康风险评估

依据式（2-24）～式（2-26），本节计算了不同年龄段人群以饮用水形式每日摄入 NNIs 的剂量，如表 10-4 所示。在不同种类的 NNIs 中，THM 摄入量在所有年龄组中均最高，即给不同年龄人群带来的健康风险也最高。从不同年龄组人群来看，通过饮用水带来的 NNIs 暴露量依次为婴儿>幼儿>儿童>成人>青少年。总体而言，计算的最大 ΣIMI_{eq} EDI ［婴儿：32.01 ng/(kg·d)］比 US EPA 推荐的每日可接受的 IMI 摄入量阈值［0.057 mg/(kg·d)］低三个数量级。尽管以上结果表明 NNIs 母体药物通过饮用水构成的风险较低，但由母体化合物代谢产生的 NNIs 代谢物构成的风险却不容忽视，例如烯式吡虫啉的毒性约是 IMI 的 10 倍，而脱硝基吡虫啉与脊椎动物烟碱乙酰胆碱受体（nAChRs）的结合亲和力是 IMI 的 300 倍以上（Wang et al., 2020）。Marfo 等（2015）通过对日本 85 位志愿者的尿液样本研究发现，尿液中 N-去甲基啶虫脒的含量与人体部分典型症状之间存在显著相关性，例如短期的记忆力减退、手指震颤、全身乏力、腹痛、头痛和胸痛。因此，尽管 IMI_{eq} EDI 低于 IMI 的推荐值，但由母体化合物产生的代谢物带来的潜在健康风险仍需进一步关注，尤其是对于敏感人群，如婴儿和孕妇。此外，人体可以通过多种方式暴露于 NNIs，例如饮食摄入、土壤/粉尘接触和呼吸摄入等，特别是饮食摄入带来的健康风险是不容忽视的（Cui et al., 2021）。

表 10-4　松花江哈尔滨段 NNIs 估计日摄入量　［单位：ng/(kg·d)］

	IMI	THM	CLO	THA	ACE	DIN	IMIT	ΣIMI$_{eq}$ EDI
婴儿（<1岁）	2.02	26.27	1.79	1.03	0.14	0.74	0.016	32.01
幼儿（1~3岁）	0.70	9.05	0.62	0.36	0.05	0.26	0.006	11.05
儿童（4~11岁）	0.65	8.47	0.58	0.33	0.05	0.24	0.005	10.33
青少年（11~21岁）	0.36	4.68	0.32	0.18	0.02	0.13	0.003	5.69
成人（≥21岁）	0.45	5.84	0.40	0.23	0.03	0.16	0.004	7.11

10.7　水生生物风险评估

现有研究表明，水体中残留的 NNIs 会对水域生态环境和水生生物的物种多样性带来严重不利影响。本节利用水生环境中 IMI 对不同营养级水生生物的毒性数据，在 SSD 模型下评估松花江哈尔滨段水生物种的生态风险。通过 SSD 曲线看出（图 10-8），营养级水平较低的水生昆虫对 NNIs 更为敏感，更易受到危害。水体中低营养级物种位于食物链的底端，它们为其捕食者或较高营养级物种提供食物和营养，当其受到危害时则会破坏水生生态系统的稳定和平衡，例如在急性风险中［图 10-8（a）］，高翔蜉（*Epeorus longimanus*）对 IMI 最为敏感，当水体中 IMI$_{eq}$ 达到 650 ng/L 时则会对其产生急性毒害作用；而处于较高营养级的露斯塔野鲮（*Labeo rohita*）对 IMI 的敏感度最低，其急性风险的敏感值浓度为 550000 ng/L。在慢性风险中［图 10-8（b）］，细蜉（*Caenidae*）的敏感度最高，当水体中 IMI$_{eq}$ 达到 400 ng/L 时则会对其产生慢性毒性；与急性风险一致，*Labeo rohita* 的敏感度最低，其慢性风险的敏感值浓度为 120000 ng/L。值得注意的是，尽管水体中藻类处于更低的营养级水平，但由于 NNIs 作为一种昆虫类杀虫剂，因此藻类对 IMI 的敏感度低于蜉蝣类生物。此外，本节中 IMI 对水生生物的急性 HC_5 值为 355.34 ng/L（95%置信区间：46.05～2741.76 ng/L），慢性 HC_5 值为 165.06 ng/L（95%置信区间：26.02～1047.21 ng/L），即当水体中残留浓度超过上述阈值时则会对超过 5%的水生物种带来不利影响。在松花江哈尔滨段所有样品中的 IMI_{eq} 浓度范围为 178.14～838.18 ng/L，与急性 HC_5 值相比，干流浓度均低于该值，而支流中除了采样点 T1 外，其余浓度均超过了急性 HC_5 值；与慢性 HC_5 值相比，所有水体样品中的浓度均超过了慢性 HC_5 值。上述研究结果表明，松花江哈尔滨段水体中 5%以上的水生生物普遍承受 NNIs 带来的慢性风险，而支流中的水生生物则同时会承受 NNIs 带来的急性风险，尤其是处于较低营养级水平的水生物种。

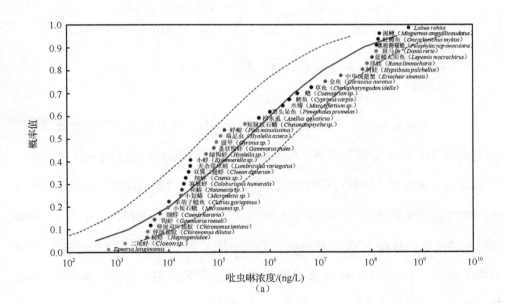

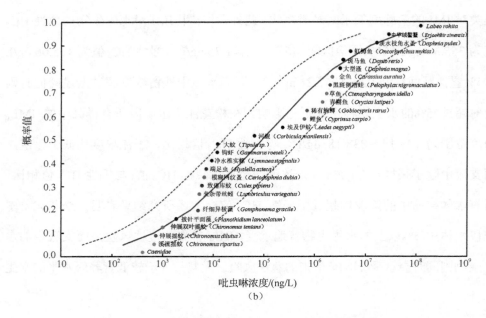

图 10-8 NNIs 对松花江哈尔滨段水生生物的敏感性分析

10.8 本章小结

本章在松花江哈尔滨段共检测出 7 种 NNIs,研究区域内水环境普遍受到 NNIs 的污染。在水体和沉积物中总残留浓度分别为 30.83～134.70 ng/L 和 0.61～14.68 ng/g,支流水体中的污染程度高于干流,表明高污染支流的汇入是干流水体中污染物的主要来源之一。沉积物-水交换研究结果表明,沉积物可作为二次排放源向水体中重新释放 NNIs。从风险评估的结果来看,人体通过饮用水摄入 NNIs 的浓度较少,远低于 US EPA 推荐的 IMI 可接受日摄入量;而物种敏感度分布结果表明,水体中部分水生生物正遭受 NNIs 带来的慢性/急性毒性危害。本章研究结果有助于科学评价水环境中 NNIs 的危害,并为农药污染控制和管理政策与措施的制定提供基础数据和科学依据。

参 考 文 献

ANDERSON J C, DUBETZ C, PALACE V P. 2015. Neonicotinoids in the Canadian aquatic environment: a literature review on current use products with a focus on fate, exposure, and biological effects[J]. Science of the Total Environment, 505: 409-422.

BONMATIN J M, NOOME D A, MORENO H, et al. 2019. A survey and risk assessment of neonicotinoids in water, soil and sediments of Belize[J]. Environmental Pollution, 249: 949-958.

BOTTOLLIER-DEPOIS A. 2018. France's ban on bee-killing pesticides begins Saturday[EB/OL]. (2018-08-30) [2020-11-21]. https://phys. org/news/2018-08-france-bee-killing-pesticides-saturday.html.

COMMISSION OF EUROPEAN UNION. 2018a. Commission Implementing Regulation (EU) 2018/783 of 29 May 2018 Amending Implementing Regulation (EU) No 540/2011 as Regards the Conditions of Approval of the Active Substance Imidacloprid[Z]. Official Journal of the European Union, 61: 31-35.

COMMISSION OF EUROPEAN UNION. 2018b. Commission Implementing Regulation (EU) 2018/784 of 29 May 2018 Amending Implementing Regulation (EU) No 540/2011 as Regards the Conditions of Approval of the Active Substance Clothianidin[Z]. Official Journal of the European Union, 132: 35.

COMMISSION OF EUROPEAN UNION. 2018c. Commission Implementing Regulation (EU) 2018/785 of 29 May 2018 Amending Implementing Regulation (EU) No 540/2011 as Regards the Conditions of Approval of the Active Substance Thiamethoxam[Z]. Official Journal of the European Union, 132: 40.

COX-FOSTER D L, CONLAN S, HOLMES E C, et al. 2007. A metagenomic survey of microbes in honey bee colony collapse disorder[J]. Science, 318(5848): 283-287.

CRALL J D, SWITZER C M, OPPENHEIMER R L, et al. 2018. Neonicotinoid exposure disrupts bumblebee nest behavior, social networks, and thermoregulation[J]. Science, 362(6415): 683-686.

CUI K, WU X H, WEI D M, et al, 2021. Health risks to dietary neonicotinoids are low for Chinese residents based on an analysis of 13 daily-consumed foods[J]. Environment International, 149: 106385.

CUI S, FU Q, GUO L, et al. 2016c. Spatial-temporal variation, possible source and ecological risk of PCBs in sediments from Songhua River, China: effects of PCB elimination policy and reverse management framework[J]. Marine Pollution Bulletin, 106(1-2): 109-118.

CUI S, FU Q, LI T X, et al. 2016a. Sediment-water exchange, spatial variations, and ecological risk assessment of polycyclic aromatic hydrocarbons (PAHs) in the Songhua River, China[J]. Water, 8: 334.

CUI S, FU Q, LI Y F, et al. 2016b. Levels, congener profile and inventory of polychlorinated biphenyls in sediment from the Songhua River in the vicinity of cement plant, China: a case study[J]. Environmental Science and Pollution Research, 23(16): 15952-15962.

CUI S, LI K Y, FU Q, et al. 2018. Levels, spatial variations, and possible sources of polycyclic aromatic hydrocarbons in sediment from Songhua River, China[J]. Arabian Journal of Geoences, 11(16): 445.

CUI S, ZHANG F X, HU P, et al. 2019. Heavy Metals in Sediment from the Urban and Rural Rivers in Harbin City, Northeast China[J]. International Journal of Environmental Research and Public Health, 16(22): 4313.

GOULSON D. 2013. Review: an overview of the environmental risks posed by neonicotinoid insecticides[J]. Journal of Applied Ecology, 50(4): 977-987.

HAN W C, TIAN Y, SHEN X M. 2018. Human exposure to neonicotinoid insecticides and the evaluation of their potential toxicity: an overview[J]. Chemosphere, 192: 59-65.

HE S N, DONG D M, ZHANG X, et al. 2018. Occurrence and ecological risk assessment of 22 emerging contaminants in the Jilin Songhua River (Northeast China)[J]. Environmental Science and Pollution Research, 25(24): 24003-24012.

HEALTH CANADA'S PEST MANAGEMENT REGULATORY AGENCY. 2019a. Re-evaluation Decision RVD2019-04, Thiamethoxam and Its Associated End-use Products: Pollinator Re-evaluation[EB/OL]. (2019-04-11) [2020-11-20]. https://www.canada.ca/en/health-canada/services/consumer-product-safety/reports-publications/pesticides-pest-management/decisions-updates/reevaluation-decision/2019/thiamethoxam.html.

HEALTH CANADA'S PEST MANAGEMENT REGULATORY AGENCY. 2019b. Re-evaluation Decision RVD2019-05, Clothianidin and Its Associated End-use Products: Pollinator Re-evaluation[EB/OL]. (2019-04-11) [2020-11-20]. https://www.canada.ca/en/health-canada/services/consumer-product-safety/reports-publications/pesticides-pest-management/decisions-updates/reevaluation-decision/2019/clothianidin.html.

HEALTH CANADA'S PEST MANAGEMENT REGULATORY AGENCY. 2019c. Re-evaluation Decision RVD2019-06, Imidacloprid and Its Associated End-use Products: Pollinator Re-evaluation[EB/OL]. (2019-04-11) [2020-11-20]. https://www.canada.ca/en/health-canada/services/consumer-product-safety/reports-publications/pesticides-pest-management/decisions-updates/reevaluation-decision/2019/imidacloprid.html.

HEILONGJIANG BUREAU OF STATISTICS (HBS). 2020. Heilongjiang Statistical Yearbook[M]. Beijing: China Statistics Press.

HUANG Z B, LI H Z, WEI Y L, et al. 2020. Distribution and ecological risk of neonicotinoid insecticides in sediment in South China: impact of regional characteristics and chemical properties[J]. Science of the Total Environment, 714: 136878.

LI B, XIA X M, WANG J H, et al. 2018. Evaluation of acetamiprid-induced genotoxic and oxidative responses in *Eisenia fetida*[J]. Ecotoxicology and Environmental Safety, 161: 610-615.

LI K Y, CUI S, ZHANG F X, et al. 2020. Concentrations, possible sources and health risk of heavy metals in multi-media environment of the Songhua River, China[J]. International Journal of Environmental Research and Public Health, 17(5): 1766.

LOPEZ-ANTIA A, ORTIZ-SANTALIESTRA M E, MOUGEOT F, et al. 2015. Imidacloprid-treated seed ingestion has lethal effect on adult partridges and reduces both breeding investment and offspring immunity[J]. Environmental Research, 136: 97-107.

LU C S, LU Z B, LIN S, et al. 2020. Neonicotinoid insecticides in the drinking water system-fate, transportation, and their contributions to the overall dietary risks[J]. Environmental Pollution, 258: 113722.

MAHAI G, WAN Y J, XIA W, et al. 2019. Neonicotinoid insecticides in surface water from the central Yangtze River, China[J]. Chemosphere, 229: 452-460.

MAHAI G, WAN Y J, XIA W, et al. 2021. A nationwide study of occurrence and exposure assessment of neonicotinoid insecticides and their metabolites in drinking water of China[J]. Water Research, 189: 116630.

MAIN A R, HEADLEY J V, PERU K M, et al. 2014. Widespread use and frequent detection of neonicotinoid insecticides in wetlands of Canada's Prairie Pothole Region[J]. PLoS One, 9(3): e92821.

MARFO J T, FUJIOKA K, IKENAKA Y, et al. 2015. Relationship between urinary N-desmethyl-acetamiprid and typical symptoms including neurological findings: a prevalence case-control study[J]. PLoS One, 10(11): e0142172.

MASON R, TENNEKES H, SANCHEZ-BAYO F, et al. 2013. Immune suppression by neonicotinoid insecticides at the root of global wildlife declines[J]. Journal of Environmental Immunology and Toxicology, 1(1): 3-12.

MORRISSEY C A, MINEAU P, DEVRIES J H, et al. 2015. Neonicotinoid contamination of global surface waters and associated risk to aquatic invertebrates: a review[J]. Environment International, 74: 291-303.

SADARIA A M, SUPOWIT S D, HALDEN R U. 2016. Mass balance assessment for six neonicotinoid insecticides during conventional wastewater and wetland treatment: nationwide reconnaissance in United States wastewater[J]. Environmental Science and Technology, 50(12): 6199-6206.

SUN C Y, ZHANG Z X, CAO H N, et al. 2019. Concentrations, speciation, and ecological risk of heavy metals in the sediment of the Songhua River in an urban area with petrochemical industries[J]. Chemosphere, 219: 538-545.

US EPA. 2020a. Clothianidin and Thiamethoxam Proposed Interim Registration Review Decision Case Number 7620 and 7614. Docket Number EPA-HQ-OPP-2011-0865 and EPA-HQ-OPP-2011-0581[EB/OL]. (2020-01-22) [2020-11-23]. https://www.epa.gov/pollinator-protection/proposed- interim-registration-review-decision-neonicotinoids.

US EPA. 2020b. Imidacloprid Proposed Interim Registration Review Decision Case Number 7605. Docket Number EPA-HQ-OPP-2008-0844[EB/OL]. (2020-01-22) [2020-11-23]. https://www.epa.gov/pollinator-protection/proposed-interim-registration-review-decision-neonicotinoids.

US EPA. 2020c. Dinotefuran Proposed Interim Registration Review Decision Case Number 7441. Docket Number EPA-HQ-OPP-2011-0924[EB/OL]. (2020-01-22) [2020-11-23]. https://www.epa.gov/pollinator-protection/proposed-interim-registration-review-decision-neonicotinoids.

WANG A Z, MAHAI G, WAN Y J, et al. 2020. Assessment of imidacloprid related exposure using imidacloprid-olefin and desnitro-imidacloprid: neonicotinoid insecticides in human urine in Wuhan, China[J]. Environment International, 141: 105785.

WANG W H, WANG H, ZHANG W F, et al. 2017. Occurrence, distribution, and risk assessment of antibiotics in the Songhua River in China[J]. Environmental Science and Pollution Research, 24(23): 19282-19292.

WHITEHORN P R, O'CONNOR S, WACKERS F L, et al. 2012. Neonicotinoid pesticide reduces bumble bee colony growth and queen production[J]. Science, 336(6079): 351-352.

WU R L, HE W, LI Y L, et al. 2020. Residual concentrations and ecological risks of neonicotinoid insecticides in the soils of tomato and cucumber greenhouses in Shouguang, Shandong Province, East China[J]. Science of the Total Environment, 738: 140248.

XIONG J J, WANG Z, MA X, et al. 2019. Occurrence and risk of neonicotinoid insecticides in surface water in a rapidly developing region: application of polar organic chemical integrative samplers[J]. Science of the Total Environment, 648: 1305-1312.

YAN S H, WANG J H, ZHU L S, et al. 2016. Thiamethoxam induces oxidative stress and antioxidant response in zebrafish (*Danio Rerio*) livers[J]. Environmental Toxicology, 31(12): 2006-2015.

YI X H, ZHANG C, LIU H B, et al. 2019. Occurrence and distribution of neonicotinoid insecticides in surface water and sediment of the Guangzhou section of the Pearl River, South China[J]. Environmental Pollution, 251: 892-900.

YOU H, DING J, ZHAO X S, et al. 2011. Spatial and seasonal variation of polychlorinated biphenyls in Songhua River, China[J]. Environmental Geochemistry and Health, 33(3): 291-299.

YU H Y, LIU Y F, HAN C X, et al. 2021. Polycyclic aromatic hydrocarbons in surface waters from the seven main river basins of China: spatial distribution, source apportionment, and potential risk assessment[J]. Science of the Total Environment, 752: 141764.

第 11 章 总 结

本书以松花江流域为研究区域,以水环境污染物来源解析、污染水平、环境行为及生态风险为主要研究内容,从空间过程、时间过程和多界面迁移转化行为过程多层面系统地阐明了松花江流域多介质环境(水体、沉积物、土壤)中典型污染物的组分特征、演变规律、环境归趋、政策效应及管理模式,并综合集成环境监测、数值模拟及风险评价技术与方法,揭示了污染物界面交换行为及其关键驱动机制,初步形成了能够有效识别与解决流域水环境污染问题的研究思路与方法,研究结果可进一步丰富和发展污染物的地球化学循环过程理论及其应用研究体系。

1)常规水质指标

本书对松花江哈尔滨段汇入支流常规水质指标(DO、COD_{cr}、BOD_5、TP 和 TN)的浓度水平和时空分布特征进行了调查,并对水质等级进行了评估,同时分析了造成水体污染的主要因素。由于区域产业结构的不同,松花江段汇入支流的污染特征存在显著差异,其中,马家沟和何家沟有机污染相对严重,发生渠和运粮河磷污染严重,4 条支流氮污染均非常严重。受降水量和污染源时空分布差异影响,4 条支流枯水期污染程度大于丰水期,这可能是丰水期降水的增加会使水体交换速度相对加快,对污染物的稀释作用也相应增强。另外,水质评价结果表明,4 条支流水质污染等级较高,枯水期约 88.1%的采样点水质类别为V类及以上,其中 58.3%的采样点水质类别为劣V类;丰水期约 66.3%的采样点水质类别为V

类及以上,其中 39.4%的采样点水质类别为劣Ⅴ类。综合分析结果表明,马家沟 MJ35~MJ50 段、何家沟干流和西沟、运粮河 YL5~YL15 段以及发生渠的 FS5 处为重点控制河段。本书采用源强系数法和入河系数法对松花江哈尔滨段汇入支流主要污染物(COD、TN 和 TP)的年入河量进行了估算,并应用监测数据验证了估算结果的准确性,研究结果表明城郊地区是污染物年入河量贡献率最大的区域,污染物主要来自农村生活源和农田面源,该区域河流污染治理工作的重点应主要集中于农村生活及农业生产的污染控制与治理。

2)重金属

本书对松花江干流及松花江哈尔滨段主要汇入支流重金属的污染特征与生态风险进行研究,结果表明,重金属污染的相对发生概率和污染等级处于中等水平,这主要是 Cd 和 Zn 的毒性和含量高综合造成的,但这种污染呈现出明显的空间异质性特征。城郊地区具有相对较高的人口密度以及污水排放设施相对落后等典型特征,导致郊区支流 Pb 和 Zn 的浓度水平显著高于城市支流和农村支流。农村支流重金属的污染情况较为单一,主要以 Cd 和 Zn 污染为主,其污染来源于农业生产资料的过量施用以及受点源排放的影响。城市支流的重金属污染区主要集中于市区段和工业区段,因此应加强从源头控制污染。整体而言,工农业生产活动、交通运输、煤炭燃烧以及点源排放等是研究区域重金属污染的主要来源,松花江哈尔滨段主要汇入支流的重金属浓度水平显著高于松花江干流。人体健康风险评估的结果表明,水体和土壤的经口摄入与皮肤吸收暴露途径导致的重金属非致癌风险均在可接受范围内,其中经口摄入是重金属的主要暴露途径,且土壤接触的暴露风险远高于水体,因此长期从事与农业相关的工作者(如农民)应更加注意防护。

3）多环芳烃

本书对松花江表层沉积物中 US EAP 优先控制的 16 种 PAHs 的研究表明，沉积物中 Σ_{16}PAHs 的浓度范围为 34～4456 ng/g，且以 Fla、Pyr、Phe 和 Chr 为主，与部分河流相比，松花江沉积物中 PAHs 的平均浓度相对较高。不同采样点的发散系数（CD）差异较大，表明沉积物中 PAHs 的组成差异较为明显，这主要与能源消耗结构、经济发展水平以及人类活动强度等因素有关。本书发现热解源可能是松花江沉积物中 PAHs 的主要来源，且煤炭消耗显著影响松花江沉积物中 PAHs 的赋存浓度。此外，沉积物中 PAHs 浓度与 TOC 浓度无显著相关性，表明 PAHs 的赋存状态可能受点源排放的影响。本书对松花江哈尔滨段水泥厂附近 PAHs 的监测结果表明，水泥厂附近 PAHs 浓度相对较高，并严重影响松花江下游沉积物中 PAHs 的浓度。水泥厂附近的生态与健康风险也相对较高，其中具有致癌性的 BaP 占 Σ_{16}PAHs 的 7.26%～9.74%，应引起重点关注。

4）多氯联苯

通过对松花江表层沉积物中 PCBs 的时空分布特征、可能来源与生态风险的系统性研究发现，沉积物中 PCBs 的污染相对较轻，Σ_{51}PCBs 的浓度范围为 0.59～12.38 ng/g，平均浓度为 3.82 ng/g，且指示性 PCBs 浓度与 Σ_{51}PCBs 浓度存在显著相关性（$p < 0.01$），可用于反映研究区域 PCBs 的污染水平和变化趋势。从 20 世纪 80 年代到 2008 年，西流松花江中 PCBs 总浓度呈现增加趋势，随后快速下降；松花江干流 PCBs 的浓度则从 1990 年开始持续下降。沉积物中 PCBs 污染主要与点源排放、PCBs 的历史使用和工业废水以及 UP-PCBs 的排放有关，同时 TOC 也可影响 PCBs 在沉积物中的残留状况。此外，本书首次通过监测稳定环境介质揭示了水泥工业 UP-PCBs 的污染特征，结果表明研究区域 PCBs 的残留量与污染负荷分别为 17.2 ng/cm^2 和 1.2 kg，并呈现工业区下游、工业区、工业区上游依次递

减的趋势。风险评估结果表明，沉积物中大部分采样点（包括工业区附近）均处于低风险水平，这主要与国家履行《关于持久性有机污染物的斯德哥尔摩公约》工作协调组的成立以及污染控制相关政策的制定有关。

5）新烟碱类杀虫剂

本书对松花江哈尔滨段水体和沉积物中新烟碱类杀虫剂的残留水平、空间分布、沉积物-水交换和潜在风险进行了系统性研究。通过研究发现，水体中新烟碱类杀虫剂受人类活动和污水处理厂出水影响较大，呈现出支流含量高于干流的空间分布特征，而沉积物中的新烟碱类杀虫剂含量则无显著差异。水体和沉积物中IMI、THM和CLO是普遍存在的新烟碱类杀虫剂，主要与商品注册数量和长期使用有关。沉积物-水交换过程没有明显的空间变异性，进入水体后的新烟碱类杀虫剂，通过沉降过程使其在沉积物中累积，并通过扩散与交换行为不断重新进入水体，从而造成松花江水体的二次污染。通过相对效能因子和物种敏感度分布分别对人体和水生生物进行了潜在风险评估，不同年龄组人群通过饮水摄入新烟碱类杀虫剂的日暴露量均在日允许摄入剂量范围内，引起的暴露风险水平较低；对水生生物而言，处于低营养级水平的生物更易受到新烟碱类杀虫剂带来的慢性/急性风险，当其受到危害时则会伴随着水生生态系统的稳定和平衡遭到破坏。此外，本书只关注了母体化合物的污染特征与生态/健康风险，未充分考虑其代谢产物所带来的不利影响，开展母体化合物及其代谢产物对我国本土非靶标生物的毒性研究同样是今后需要重点开展的内容，以便为我国新烟碱类杀虫剂的污染控制和生态标准制定提供科学依据和数据支撑。

6）污染物界面交换行为

界面交换模型的建立是识别污染物介质间运移规律及二次排放与残留行为的有效手段。本书基于逸度方法建立了挥发性有机污染物的沉积物-水交换模型，以

PAHs 为例，ff 值随 PAHs 环数的增加而降低，沉积物可被视为 3 环和 4 环 PAHs 的二次排放源，同时为 5 环 PAHs 的"汇"。应用简单的基于水体和沉积物的污染物 ff 值可以初步评估 PAHs 在沉积物-水界面间的交换方向，但不能用于确定 PAHs 的平衡状态。高 ff 值出现在秋季，而低 ff 值则出现在夏季，表明夏季经过大量沉降后的 PAHs 得以重新释放；5 环和 6 环 PAHs 的 ff 值非常低，其环境行为表现为从水体向沉积物的富集。与 3 环和 4 环 PAHs 相比，5 环 PAHs 更为敏感。同时，高环且具有高毒性的 BaP 呈现出较弱的空间变异，这也相应地增加了沉积物的生态风险。而对新烟碱类杀虫剂（IMI、THM 和 CLO）来说，由于其具有较高的溶解性和较低的 K_{ow} 值，因此它们的 ff 值较高，沉积物主要作为二次排放源。此外，IMI、THM 和 CLO 在水体和沉积物中的浓度比值也进一步表明，沉积物对上述新烟碱类杀虫剂的作用相对较弱，使其极易从沉积物中释放而进入水体，并随径流或河水流动发生长距离迁移。

7）污染物逆向管理框架

污染减排控制政策与措施的制定，可以积极地减少环境中污染物的排放，不仅规避了生态风险，也可为国家履行相关国际合约做出贡献。通过清单编制、环境监测、数值模拟和风险评估获得环境污染的重要信息，提供给环境质量改善的决策者、主导者和参与者。因此，污染物逆向管理模式的实施主要由两个阶段构成：第一阶段，获取并分析数据（包括清单编制、环境监测、数值模拟和风险评估），然后将其提供给政府和公众；第二阶段，政府和公众评估和识别所面临的环境污染状况与风险程度，确定环境污染状况，然后制定和实施相关法规和政策，以完善环境修复的技术和标准，从而控制污染排放源和实施有效的管理。

目前，针对流域水环境重金属、多环芳烃和多氯联苯等持久性有毒物质的污染特征分析、生态风险评价以及来源解析等方面的研究工作已取得了大量成果,对于提升流域水环境管理水平、污染综合防治技术能力以及全面推进国家水污染综合控制和生态修复具有重要的科学价值和战略意义,但仍存在部分问题有待进一步探索和深入开展研究。例如,大部分研究仅针对单一污染物的环境行为及风险评价,而衡量特定研究区域的环境质量或污染程度,需要考虑复合污染状况来进行综合评价。同时,部分与流域水环境污染相关的研究结果常带有一定的推断性,应充分利用现代化技术手段(如同位素示踪技术、3S技术)以提升污染来源解析的准确性及污染物的快速检测效率,避免停留在现象表述阶段。此外,有关流域污染物环境行为和风险评价的研究大多停留于事后评价阶段,后续研究应重点将空间监测网络体系构建、迁移转化模型建立与风险评价进行系统性整合,使污染物的空间过程、生物过程和行为过程向污染风险识别、预警与污染治理转变。开发和构建智慧水利或智慧流域管理模式,以实现对流域水环境的实时动态监测与预警,并将信息反馈于流域水环境管理部门,助推河长制工作实施的精准性、科学性和有效性,进一步提升流域环境管理水平。

污染物进入水环境后会发生一系列的物理、化学和生物过程,进而导致污染物在水环境中迁移转化行为变得复杂。针对流域水环境污染问题,不应局限于河流本身,应从流域整体考虑,构建多介质环境(大气、土壤、水、沉积物、积雪和水生生物)同步监测网络体系。此外,针对我国北方高寒地区,积雪覆盖条件以及冻融循环过程对污染物迁移转化及生物有效性的影响机制尚不明确,因此应开发基于动力学或热力学原理的流域尺度迁移转化模型,以识别流域水环境典型污染物的释放过程与输移路径,揭示其风险传递效应机制并进行风险预测研究,同时量化污染贡献比,形成污染监测由点向面转化的尺度效应。

同时，充分利用污染物的环境行为与生态毒理学的相关研究成果，强化污染修复与去除，充分考虑污染物间的协同与拮抗作用，从生态系统完整性的角度出发，构建基于多变量耦合的流域生态系统模型，探寻不同污染物在生态系统间的迁移转化规律及其影响因素，强化污染综合防治技术能力，对于促进区域经济高质量可持续发展和保障国家粮食安全均具有重要的科学价值和战略意义。